U0782320

Spiritual Culture
青心文化

在阅读中疗愈 · 在疗愈中成长

READING&HEALING&GROWING

全新修订本

阿啰哈

我在修·蓝博士身边学到的清理话语

アロハ！ヒューレン博士とホ・オポノポノの言葉

[日]平良爱绫—著
龚婉如—译

中国青年出版社

目　录

阿啰哈

某天，我和修·蓝博士见面时，因为太开心了，于是神采奕奕地对他喊了声“阿啰哈”。在夏威夷，一天里会听到好几次“阿啰哈”这句招呼语。听到这句话之后，修·蓝博士对我说：“今后不管任何时候、面对任何人，都不要忘了现在这样的心情。”接着，他还告诉我荷欧波诺波诺中“阿啰哈”的意义。

“阿啰哈”的原意是“现在的我正在神性智慧的面前”。

“不管是你、我、远处的花，甚至是你现在脚下穿的鞋子，都是神圣的存在所创造出的完美的存在。不管眼前出现的是什么，任何事物的背后都有神圣的存在、无限伟大的存在。”

如果你对于出现在眼前的人事物，都没有任何神圣的感觉，无法接受对方的样貌、完全感觉不到美，或是觉得对方看起来很悲伤、不舒服……

依博士的说法，这些原因都不在对方，而在于我们内在重播的记忆。

你遇到的任何问题，都是某种东西（记忆）在你内在重播的证据，它让你无法以完美的状态看见完美的事物。若能借由清理将记忆消除，我们就获得了使自己回到原本的零的状态的机会。这就是荷欧波诺波诺的基本概念。

只是，在多数状况下，我们都无法拥有荷欧波诺波诺的状态。

当我们被人攻击时，当然就必须躲开。当衣服或鞋子脏了，就必须清洗或修理。

在这样的状况下，若同时进行荷欧波诺波诺，会发生什么事呢?

如博士所说，无论是否诚心，只要说出“阿啰哈”的那一瞬间，我们内在就会开始清理记忆，就能找回我们和其他人之间原本完美而神圣的关系。

不必强迫自己认为丑的东西是美的，只要能看见对方内在的隔阂并仔细进行清理，“阿啰哈”的精神就会首先传到自己身上，接着，问题的真正原因会逐渐消失，从这个瞬间开始，对方和我就都会朝向原本正确的方向迈进。

当你心中对别人有反应时，就说“阿啰哈”。

看见了不想看的东西时，就说“阿啰哈”。

无法喜欢自己时，更要说“阿啰哈”。

不管是否发出声音，我都希望将“阿啰哈”送给今天一整天我所遇见的人事物、语言、风景和自己。发生的每一件事，都给了我让自己更加自由的机会。

我与“荷欧波诺波诺”的相遇，就是从认识“阿啰哈”开始的。

什么是荷欧波诺波诺?

不管你是否正在实践荷欧波诺波诺，或是刚接触不久，让我们一起重新复习一下夏威夷的秘法——荷欧波诺波诺。

◎ 从古代夏威夷的荷欧波诺波诺到荷欧波诺波诺大我意识疗法

荷欧波诺波诺是夏威夷自古以来流传的问题解决方法。是一种发生口角、争执、疾病等自己无法解决的问题时，由夏威夷原住民中的特定人士居中进行调节的问题解决方法。从字面上来看，“荷欧”（Ho’o）表示目标、道路，“波诺波诺”（ponopono）则是完美的意思。因此，荷欧波诺波诺的意思，就是将现在的错误导正至原本完美的状态。

夏威夷传统治疗师（当地人称为“卡胡那”），同时也是夏威夷州宝的莫娜·纳拉玛库·西蒙那女士将古代“荷欧波诺波诺”发展成为不分人种、宗教、年龄与性别，任何人都可以在任何地方独自进行的荷欧波诺波诺大我意识疗法（以下简称“荷欧波诺波诺”）。

对于我们每个人都会遭遇的各种体验，例如人际关系、金钱、家人、健康、工作、恋爱、怨恨与嫉妒、自卑、没有精神或自信等，荷欧波诺波诺都能发挥其效力。

◎ 所有问题的原因在于“记忆”的重播

荷欧波诺波诺认为，在我们身边所发生的所有事情（例如好事、坏事、人际关系、金钱问题、疾病、受伤、家人的事、灾害、在国外所见的悲惨新闻、考试的结果等），几乎所有原因都在于潜意识对自己所累积的记忆进行重播。

这里所说的“记忆”，并不只是我们诞生于母体之后自己体验到的感官记忆，而是指宇宙诞生之后所创造出来的所有存在（除了人以外，还包含了兔子、海带等动植物，以至海边的岩石或小喇叭等无机物）所体验的所有事物，成为我们内在小孩（潜意识）的记忆，并长时间不断累积而成。

我们的内在小孩（潜意识）随时（1 秒能处理的信息高达 1500 万位元！）会重播累积了几个世纪的庞大记忆。而我们平常所体验到的情绪、发生的事情和问题都是那些重播记忆的反射。我们真正的样貌、本来的状态是零、自由、空无一物、无、纯真而全新的姿态，这时伟大的存在（有其他各种说法，如神性智慧、神圣的存在、伟大的自然、神、宇宙、起源等）和“真正的我”随时都连接在一起。

但是，当刚才所说的从过去一直累积而来的庞大记忆在我们内在重播时，伟大的存在和我之间本来最完美的连接就会被切断，让我们无法获得完整的讯息，也无法体验到真正的自己。

如果我们的意识中每秒有 1500 万位元的记忆被重播，想要做真正的自己就会是一件非常困难的事情。这就是我们每天所面对的问题的真正原因，而问题的解决方法就是荷欧波诺波诺。

◎ 构成"我"的三个自我和神性智慧

介绍荷欧波诺波诺的问题解决方法之前，再与大家分享一些关于"我"的事情。"我"是由三个自我（self）所组成的：

· 尤哈内（Uhane，意识 / 母亲），是我们平常感官的部分、大脑运作的部分；

· 尤尼希皮里（Unihipili，潜意识 / 内在小孩），是累积过去的记忆，驱使情感与身体重播记忆的部分；

· 奥玛库阿（Aumakua，超意识 / 父亲），是神性智慧与灵性层面连接的桥梁。

这三个自我构成了"我"这个独立的自己。但是三个自我的连接状态，将会对"我"所感受到的体验有很大的影响。

如同下图所示，尤哈内（母亲）会照顾内在小孩（孩子），只要自己心中的三个自我是连接在一起的，我们就能维持原本的平衡状态，并完全体验到神性智慧（神圣的存在）所带给我们的（爱、灵感等完整的讯息）。

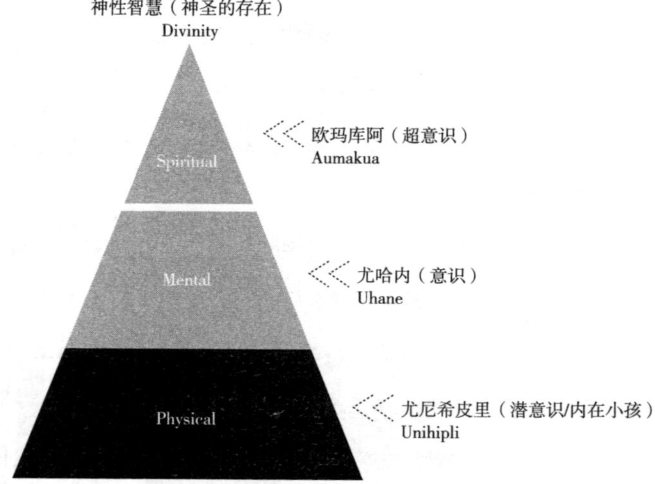
神性智慧（神圣的存在）
Divinity
Spiritual
欧玛库阿（超意识）
Aumakua
Mental
尤哈内（意识）
Uhane
Physical
尤尼希皮里（潜意识/内在小孩）
Unihipli

构成你的三个自我

但若是如下页图所示，当我们因为记忆的重播而使尤哈内蒙上阴影时，其与神性智慧之间的桥梁，也就是与奥玛库阿（超意识）之间的桥梁就会被切断。这时我们就会被困在内在小孩（潜意识）所重播的“记忆”之中无法逃脱。

也就是说，任何时候我们都在体验着“记忆”或“灵感”中的一个。

◎ 让我们一起进行清理吧！

为了回到构成“我”的三个自我取得平衡的状态，再一次与神性智慧（神圣的存在）取得连接，就必须消除内在小孩（潜意识）中所累积的记忆，并且放手。这就是荷欧波诺波诺的问题解决方式，我们将这个称为“清理”。

清理的代表方式之一，就是在心里不断重复“谢谢你”“对不起”“请原谅”“我爱你”这四句话。就算并非发自内心，只是像按下电脑删除键一样也无所谓，当你体验到任何问题，或是心中出现任何情绪时，就在心里重复这四句话，或是只说一

取得平衡的状态

尤尼希皮里被你（尤哈内）照顾，从神性智慧获得灵感。

被切断时的状态

向外界寻求协助，记忆不断被重播。

句“我爱你”也无所谓（不需要真正爱上问题本身）。总而言之，使用它们的方法非常简单。

可以开始进行清理的不是别人，而是意识，也就是你自己。请记得，要在感受到问题的当下，对出现的情绪和最相关的人、土地或计划重复说这四句话，内在小孩（潜意识）就会感觉到你（意识）正在进行清理。产生问题的直接原因——记忆，就会被消除。

◎ 期待本身就是“记忆”

潜意识的记忆数量非常庞大。我们所感受到的意识无法得知进行清理之后可以消除多少记忆。进行清理之前，先了解这一点是很重要的。

那是因为对清理结果的“期待”也是一种记忆，会使清理过程受到阻碍。

听起来或许很难，但你不需要期待成果，也不需要因为自然涌现的期待而感到罪恶，只要脑中浮现“我已经在进行清理了，怎么什么改变都没发生？真希望快点发生啊！”这种声音，就是清理的机会到了！只要继续进行清理就可以了。

◎ 不要抱着期待去清理

应该有许多读者已经听修·蓝博士说过很多次这样的话了。

我之前曾经有过几次与荷欧波诺波诺的体验者见面的机会，并从他们口中听到“实行之后发生了很棒的事情哦”，或者是“疾病痊愈了，问题解决了”这样的话。

这些人的共同点都是为了清理而清理，可以极其自然地进行清理，甚至到了自己没有察觉，习惯成自然的程度。而且每个人都不拘泥于清理的结果。

他们进行清理之后，似乎会马上忘记清理这件事，而且不在意之后所发生的事情。

不管面对任何问题，他们似乎都能感觉到实行清理这件事是舒适的。面对这些人时，我才发现自己每天进行清理的时候往往都抱着期待。

还有一点请大家记住，并非只有不好的体验才是记忆。在荷欧波诺波诺的想法之中，即使是面对常年以来的愿望终于获得实现的幸福感受，也要进行清理。

面对问题的时候，不能认为“清理一次就足够了”，应当把问题当做使自己摆脱记忆、获得自由的机会，将内在小孩（潜意识）在各种场合让我们看见的事情一件件仔细清理，来加强自己与内在小孩之间的联系，回归自己原本的零的状态，这就是荷欧波诺波诺的目的。

并非在遇到烦恼时才寻求神明庇护，而是不论情况好坏，在每天的生活之中都尽可能地进行清理，就像呼吸一样自然。

◎ 关于伊贺列卡拉·修·蓝博士

已逝的莫娜女士创建现代版的荷欧波诺波诺之后，就有许多人持续不断地实行。出生并成长于夏威夷的伊贺列卡拉·修·蓝博士就是其中一人，也因此使荷欧波诺波诺广为全球所知。

修·蓝博士曾多次与莫娜女士在国际性机构和世界各国的活动中演讲，也曾经于夏威夷收容高度精神异常犯罪者的医院中进行清理，并因其使所有病人痊愈出院而广为人知。目前，他经常在美国、欧洲、中东各国、日本、韩国等地发表以“荷欧波诺波诺大我意识疗法”为主题的演讲。

喜爱大自然的修·蓝博士，虽然有时候也会说出格外严厉的话，但是待在博士身边时，我的心情总是前所未有的宁静，那是一种如同待在大树旁边一般的安乐与平静。

来自修·蓝博士的问候

致诸位中国的读者朋友们：

曾和我同甘共苦，并教会我荷欧波诺波诺大我意识疗法的多年好友莫娜，生前曾对我说过这么一句话：

“我并不信奉荷欧波诺波诺，我只是在一点一点地实践它。”

对我来说也好，对诸位读者朋友来说也好，每个人的荷欧波诺波诺都是从实践开始，然后才会产生效果，再然后才能真切感受到它的存在。荷欧波诺波诺正是这样一种语言。

与其思考，不如清理。

与其信奉，不如清理。

归零，或不归零，仅此而已。

你是想永远因为要从其他地方寻找问题产生的原因而痛苦不已，还是每天通过清理进行深省，找回自我内心的平和安详呢？问题仅在于此。

我来到这个世上，就是为了再一次让自己清理、归零。我所去之地、所遇之人（当然也包括通过这本书结识的诸位）、所见之景、所闻之事，都是一个“神圣”的存在，它帮助我把过去积聚下来的记忆全都归零，带我反省、放手，让过去全都过去。

当我意识到的时候，问题就已经不再是一个问题了。就像是为了找回“自我”这个存在所发生的宝贵的相遇一样，这个“神圣”的存在就会顺其自然地出现在我们面前。总而言之，我正在实践着“阿啰哈”（夏威夷人的问候语，有三个意思：你好、再见、我爱你）。

在不断做着清理和反省的过程中，偶尔会在脑海中捕捉到“荷欧波诺波诺”的声音，在你的冥想渐渐要有结果的时候，就会不知从何处传来这样的声音。

“你只需要牢牢地关注你的潜意识，之后的事情就由我们来搞定。”

连接神性智慧这个事情，并不是我自己就可以做到的。我应该做的事情，就是随时清理。

所以，请一定不要失去自身的光辉。你每天所经历的一切事情，不管是惊恐也好，悲伤也好，从解决问题的这一个瞬间开始，不要忘记自己能做的事。

正是因为有你的存在，才会给这个世界带来如此多的喜悦。这都是你和你的内在小孩一起带来的。

十分感谢您阅读本书。在此衷心祝愿您的家人、亲戚、先祖，都能拥有超越一切理解的平静。

大我的平静

伊贺列卡拉·修·蓝

前　言

我与修·蓝博士的相遇

2007 年 11 月，我参加了修·蓝博士在日本的第一次演讲。因为我的妈妈接触荷欧波诺波诺之后，飞到美国洛杉矶参加课程，两个月后便邀请博士到日本开课，我才有了认识博士的机会。

老实说，第一次去上课时，我不太能理解，但当我学到代表潜意识的“内在小孩”时，不知道为什么，突然有了感觉。仿佛一下想起了长久以来被我遗忘的自己的一部分，感到安心之余，也觉得惊讶不已。

当时我还在从事其他工作，但妈妈要求我在博士第一次到日本的某个周末担任博士的助理，陪博士一起接受杂志访问。由于事出突然，我完全不知道该做些什么，总是走在最后面帮忙拿行李，注意不要挡到其他人。

我脑袋空空地走着，突然发现修·蓝博士不知何时出现在自己身边。我以为是自己走得太慢了，于是急忙加快脚步，但博士却阻止我，并说：

伤痛并不在外面，而是全部永远存在自己的内在。

我停下脚步，博士继续对我说：

而你可以放掉这些伤痛，不需要依赖任何人。

说完这句话后，博士握着我的手，把我的手放在路旁的一棵银杏树上。

现在你就在心里念着冰蓝，然后像这样触摸植物。因为植物可以将你从伤痛中解放出来，帮助你自由地存在，就在距离你这么近的地方。你的内在也有着长久以

来一直在等待你的某种存在，它诚心地等着你进行清理，在你变得自由后，找回真正的自己。

★ 冰蓝，是荷欧波诺波诺的代表性清理工具之一。在心中念着“冰蓝”，并用手触碰植物，就能借由植物纯真的能量将记忆消除。

说完这些话，博士又加快脚步向前走去。在短时间内发生的这件事，把我吓了一跳，不过我仍然马上照着博士所说的话在心中念了一句“冰蓝”，然后摸了摸银杏树的树干。

当时并没有发生任何太大的变化，但照着博士的话做这件事的那一瞬间，我突然想要对自己说句“谢谢”。而且不可思议的是，我的心情突然变得平静，也恢复了沉稳。

这就是我和我的内在小孩第一次接触的体验。

我将修·蓝博士演讲期间与他同行及因工作而进行书信往来时，寡言的博士无意间所说的话，集结成这本书的内容。

（为了方便大家阅读，博士所说的话会以“**楷体**”标示。）

书里也说明了博士在什么样的场景说出这些话，为了使这些文字更具体，我也加入了当时自己所体验到的、所感受到的心情。

每当问题堆积如山时，我也曾经有过不想再继续清理的念头。而如此不成熟的我，也会有因为疲倦而迷失自己的时候。这时，之前记录下的博士不经意间说的话，就会轻轻推着我继续向前走。

希望每一位想找回“真正的自己”，希望生活过得更加充实而丰富的读者，都能从这本书中找到答案。

Thank you

I love you

I'm sorry

please forgive me

Aloha

Aumakua

Uhane

Unihipili

恐惧或爱，你在每一瞬间都只能选择其一

我和朋友之间曾经发生过一些问题，我所做的、所说的任何话都只会适得其反。

于是我硬逼着自己配合对方或是当下的气氛采取行动，却被事后的失落感搞坏了身体。就算我鼓起勇气提出相反意见，却也只会让气氛越来越紧绷。

后来，博士来到日本，某天我去他投宿的饭店里和他共进早餐。服务生到桌边帮博士倒咖啡，博士向他道谢之后，突然对我说：

恐惧和爱只能选一个，现在你选了哪一个？

那一瞬间我愣住了，心想：“只是吃个早餐，哪会有什么恐惧或爱？”事后想起这件事，我才发现自己从早上起床之后

到与博士见面之前的这段时期，都只想到最近不愉快的事情。脑子里充满了攻击、批评对方的语言，同时也品尝着孤单的心情。

我没有意识到这是一天的开始，只是带着疲倦感换上衣服，心里想着快迟到了，便急急忙忙地赶出门。因为事先约好了，所以我去和博士见面，时间到了就去吃早餐、喝咖啡。如果一定是二选一的话，从匆匆一早起床开始，我简直就像是漂浮在“恐惧”之中的亡魂。

看到我如此沉默，博士对我说了一句话。

不可以一直只顾着和记忆玩。

听到这句话，我惊醒了过来，一边深呼吸，一边在心里念着那四句话。

“对不起。”

“请原谅。”

“谢谢你。”

“我爱你。”

这时，咖啡的香气突然在我口中蔓延开来。眼前突然清楚出现了从刚才就一直坐在我面前，总是戴着帽子的博士的和蔼面孔。接着，我在心里把今天一整天的行程整理了一遍，一切都自然而然地变得很明确。

这个体验，或许就是在那一瞬间舍弃“记忆”而选择“爱”所获得的安心感吧。

我们经常身处于问题之中，只想着如何解决问题，完全顾不了其他。但即使是这样的状况，我们仍然有选择的自由。

记忆或爱，在每个当下的瞬间，你都只能选择活在一个当中。

选择哪一个都可以，可以选择的只有一个人，就是你自己。

因为经历过这样的早上，于是我再次问自己："当下这一刻，我选择的是哪一个呢？"

打电话给有心事的家人，寄出工作上的电子邮件，购物、写稿、为植物浇水和用餐的时候，我都是怎么选择的呢？

现在的我，似乎大多数时候都会选择记忆（恐惧）：为了表现出聪明能干的样子而写电子邮件，为了掩饰自卑而选择洋装，为了不让人觉得不孝而打电话。

以前的我为了修复自己与朋友之间的关系，总会在见面时改变想法、试着想要面对问题，但即使表面上看起来很和谐，其实内心深处还是累积了没有处理完的感觉，而且最后只会为自己增加痛苦。

因为有事情尚未清理干净，所以会回想起这件事。因为尚未清理干净，所以感情才会涌现出来。

我一直以为自己知道那些和朋友之间发生不愉快的原因，

因而我向对方道歉、保持距离、试着改变应对方法，但关系仍然没有改变，双方依然无法冷静思考。

> 也可以每天针对深藏在你之中的“原因与结果法则”进行清理。有时，那种认为自己这么做就会变成那样的想法，会干扰每一件事物本来就具备且可以发挥的最完美的作用。

平常我们在无意识状态中采取行动时，常会在一开始就先设定好结果，并批评这些行动的动机。但是，如果你能察觉博士说过的“因为进行清理，所以发生了这样的事”，就会想起应该进行清理了，接着内心的傲慢就会消失，自然会知道接下来该怎么做。

> 就好像电影播到一半才开始看。

博士经常这么形容正在感觉问题的我。真正的原因是几亿年前万物起源时就已经发生的，我们不可能知道。我们是从电影播到一半时才进入电影院的，却以为自己了解故事发生的内容，并随手开始试着解决问题，所以多半会采取让自己受伤的做法。

我回想着博士的话，并试着对内在小孩说话。

“原来你一直有这么恐怖、这么悲伤的体验啊，谢谢你让我看见。”

之后，每当我因为和朋友之间的关系而产生焦虑、孤独、生气的体验时，就会这样很单纯地进行清理。进行清理时，如果需要联络，当然也会进行联络。这么说了之后，我不再需要忍耐，也不会有大争执，而是自然地与朋友疏远。失去一位朋友本来应该是件很令人难过的事，但我心里却十分平静。

等到下次有机会见面时，我不再对自己说谎、不勉强自己、不让自己的心累积过去那种痛苦，终于可以微笑地和对方说话了。

记忆或爱，现在的你是用哪一种来阅读报纸呢？

记忆或爱，现在的你是用哪一种来看电视呢？

记忆或爱，现在的你是用哪一种来用餐呢？

记忆或爱，现在的你是用哪一种来吃药呢？

记忆或爱，现在的你是用哪一种来看着手机呢？

记忆或爱，现在的你是用哪一种来和旁人交谈呢？

每当我问自己是在用“记忆还是爱”时，就会发现自己是在每个行动中继续累积记忆，而且仍然是在选择记忆。这时只要我想起荷欧波诺波诺，在这个瞬间我就能选择清理。之后就能慢慢地回到自己充满光的关系里。现在，就请你也问问自己：“记忆或爱，现在的你选择哪一个呢？”

▯是灵感

m 是记忆

◎ 修 · 蓝博士的自我清理话语

Love said.

“爱”这么说了。

Love said： I am the “I” .

爱说：我就是我。

Love said:I am the eternal light beam.

爱说：我就是永远持续发光的物体。

Love said:I am freedom.

爱说：我就是自由。

Love said:I am home.

爱说：我就是家。

★ 这段文字是我和博士以电子邮件讨论某份合约书时，博士在回信的最后加上的一段文字。

你对任何事的喜恶，都在给你清理的机会

某天，我和博士一起搭车，博士看我用 iPhone 查资料，对我说：

> **就算只有一次也好，今天你是否向 iPhone 说过“谢谢你”呢？**

荷欧波诺波诺认为万物都有自性（灵魂）。那天我用 iPhone 查了目的地的地址、回 e-mail、拍照，让 iPhone 做了好多事，却连一次“谢谢”也没有说。当我发现这件事后，便忍不住反复在心中思考这件事。

结果不知为什么，我脱口说出了这样的话。

“但是……我有时候会想，如果没有 iPhone 这样的机器，我的生活会变得更自由、更轻松。如果没有 iPhone，我就可

以更平静一点。它让我不断获得那些自己甚至不想知道的信息，而且太容易就能取得联系，有时候觉得自己好累。”

事后，我因为很后悔自己有这种想法而感到沮丧不已。博士知道后，便对我说：

觉察这样的想法并将它放下之后，你和这部手机就有机会获得自由。帮助你的不是这个机器，而是原本就在你心中的记忆。

原本为了方便而使用这部手机，却因为无法安心地好好使用而感到不自由。因为太方便而过度依赖，因为过于仰赖而沉迷其中。但是对这些事情有所反应，并进行判断时，实际上失去自由的不是别人，没错，就是你自己。

就连你的“喜爱”也是记忆。由记忆所产生的执着，将会慢慢腐蚀你内心本来就具备的爱。

“喜爱”让我变得不自由……是这样吗？我回想着自己的生活方式。

我们每天都可以看到很多人过着很有个性的生活。例如：不吃肉、不穿皮草、只吃生菜、尽量不吃加热的食品。接触过这样的生活方式之后，我们可能会觉得佩服、产生共鸣，甚至觉得很有收获！

或者，如果我们听说哪家超市只卖无农药、特定产地的农产品，就会觉得光是去那里买东西就很有意义了。

又或是推特或脸书这种可以随时获得最新情报的社区型网站，可以随时（而且免费）穿越国境传送照片和讯息的即时通话软件，都让我有种搭乘私人飞机飞往任何地方的感觉。在每个国家都有朋友的感觉真是太棒了！

我只要进行选择，随时都可以取得，只要我拒绝，就又可以毫无牵连。即使生活在如此自由又方便的世界，我却不打算在这里放弃思考。

随着“喜爱”这种感觉而来的，是“太过方便”的批评、

“对银发族来说太困难”的判断、“操作太麻烦”的不满，还有“这样的生活太不自然了吧！”这样的批评。

这种不知所云的想法……

本来一直觉得在生活中可以理所当然地使用这些功能和服务的自己，却会因为某些原因，在一夜之间对同样的事感到厌恶。

对于独一无二的存在，我们感觉喜欢或厌恶、占便宜或吃亏、美或丑、健康、毒害或是危险……虽然搜集了大量讯息，但这些都不是现在发生的事情，而是很久以前就累积的东西，集中在这个时代里表现出来，显现在你的面前，而不是显现在其他人的面前。如果你没有发现这一点，就无法开始实行荷欧波诺波诺。

原来如此！听了博士一席话，我仿佛从睡梦中醒来。当我忙着思考时，就连自己喜欢的东西也会让我感觉疲惫或厌倦。

正如博士所说，因为这些事是我的“记忆”所见。

我的母亲热爱参加各种讲座，她曾经在某个讲座里听到一段有趣的话。

“我们因为某些特定原因而喜欢某人，将来也会因为这些原因而讨厌他。”

刚听到这句话时，我并没有特别的感觉，现在回想起来，却觉得蛮有道理的。“这个人好幽默，我好喜欢他！”这种想法可以维持多久。我想起自己也曾经在这种兴奋之情消失之后开始感到焦急。

如果这时进行清理，你就能从“喜爱”和“厌恶”的记忆中被解放出来，找到原本属于自己的道路。如此一来，和你相关的所有人事物也能回到与真正的自己连接的道路上并重新开始。不需要经过破坏或战斗，当所有人事物回到原本应去的地方时，才能展现出自己真正的才能。

我也有自己喜欢的特定类型、特定想法和生活方式。兴趣和嗜好要靠经验培养、养成，他们让我的生活更有乐趣。透过“喜爱”而认识的朋友都是我的财富。不过，博士告诉我，即使如此，清理还是很重要的。

> 清理绝对不是失去。如果能针对自己赋予对方的“喜爱”或“厌恶”进行清理，和这个人之间累积了好几个世纪的记忆就会被消除。如果我们对某个人有着“我好喜欢他那么认真、风趣又美丽的样子”这种强烈的想法，那么现在就进行清理吧。清理之后所留下来的，就是真正的爱。

不知道为什么，博士的口袋里永远都装着小包装面纸，而且是在街上可以免费拿到的那种广告面纸。记得有一次，博士从口袋里掏出面纸，并看着面纸对我说：

现在试着对物品所提供的服务进行清理，尤其是“免费”这个体验。由价格来定义物品价值的是人类，而这里所存在的自性和灵魂是很普遍的。如果只是认为这件物品是“免费”的，就会破坏自己对其自性的尊敬，而无法接收这项东西所表现出的最大才能和它所要传达给你的信息。当我们对捡到的东西、免费获得的东西进行清理，就能透过这项东西原本就具备的才能接收灵感。

我的 iPhone 有很多功能，有付费购买的软件，也有免费下载的一些程式。

iPhone 虽然很方便，但自从我开始使用它之后，随时都想看一下它。因为是免费的，所以就算没有太大意义，也还是继续使用；因为是特别花钱买的，不用就损失大了，所以忍不住一直用。我心中确实没有尊敬它们的念头，而我也不知不觉中把自己弄得很累。

我们的灵魂都在追求自由，任何人都会从自由与否的角度来看待自己身上获得的安全体验。所以更希望你能清理这种“喜爱”的心情，因为期待和执着其实就是记忆。正因为和记忆连接在一起，所以记忆才会改变形态，在某个地方再被重新播放出来。

对持有物所附加的意见或记忆进行清理，就能变得更自由。当我是自由的时候，这些物品才能重拾自由。

“我最重要的 iPhone，你带给我好多方便，我无法想象没有你的生活！我对你的迷恋，甚至到了只要一天不把你带在身边就会觉得不安的程度。我的内在小孩，谢谢你让我知道这种心情，其他人一定也有同样的感觉吧？谢谢你给我清理的机会。”

我想我和 iPhone 之间的清理，应该还会持续一段时间吧。

◎ 修·蓝博士的自我清理话语

我用很多方式来比喻记忆重新播放的状态。

例如，未进行清理的状态，

就好像没有进行更新、越跑越慢的电脑。

例如，见到某人掉落的东西，

为了物归原主而不知道怎么办才好，

就像无法顺利融入自己原本的工作一样。

例如，就像塞满了头发的浴室排水孔一样。

现在的你，是什么状态呢？

在灵光一现的瞬间，那想法就有了生命

我心中经常会冒出许多想法或计划，光是想想就能让人兴奋得手舞足蹈，但一想到要执行，心情就越来越沉重，而且变得心神不宁，这样的经验多得数不清。这时候的我就会给身边的人造成困扰，然后自己逐渐失去信心……

从我有了灵光一现的想法开始，脑中就会冒出各种声音："反正一定做不到的。""我没有这样的能力。""一旦付诸行动，一定会被很多人说东说西吧。""如果失败，会很丢脸哦。""这样做只会让身边的人更加失望而已。"……

这些恐怖的声音马上就占满了我的脑袋，让我不知所措。于是，在自己开始行动之前就变得紧张，到了精疲力竭甚至全身都痛的地步。

有时候，我难得鼓起勇气，也很幸运地让各种条件都配合得很好，话也已出口，于是只得再向前一步。这个时候，只要

身边人不经意的一句话或是进行得有点不顺利，我就会以很快的速度放弃。

这样的状态一再重复之后，我就会变得很容易替自己找借口，甚至很懂得如何忘记自己本来想做的事和想法。我想，应该有很多人都有过类似的体验吧。

但是，荷欧波诺波诺不是这样的。忘记自己想做什么的，只是表面意识中的我。刚认识博士时，他笑着对我这么说：

虽然你还很年轻，却好像有很多身为母亲不得不做的事情。

我完全听不懂博士在说些什么，于是提出了疑问。

有想法的人，都肩负着照顾的伟大任务，不就像妈妈一样吗？

“我几乎不曾把想法实践出来，只会在心里描绘或是梦想，但都很快就放弃并因此而受挫。”

当我这么回答博士之后，不可思议的事情发生了——

我想起了许多事情，例如，一直以来被我遗忘的半途而废的兴趣、小小的梦想、对未来的期望、计划、和朋友一直无法成行的旅行计划、想寄给祖母却一直收在抽屉里的明信片，于是心情也变得沉重不已。博士继续说道：

在你灵光一现的时候，计划就已经存在且以有“生命”的状态存在着。你的任务就是清理这个已经存在的想法和自己，整理出来并让它们获得应该有的样貌。这就是你对被赋予的想法和计划应该承担的责任。

整理出来应有的样貌……这么想了之后，又有了更多的念头冒了出来。我感觉许多未能达到当初目的的东西、做到一半就被丢在一旁的各种事情、想法、有如梦想般的东西，似乎都还四散在我心里。

这些事物和我都找不到出路，简直就像呼吸困难一样。

有些梦想和想法是不成形的，有时这样才是对的。什么是正确的？什么是不正确的？我们是不会知道的。

但是，如果这当中存在着判断，那你就可以进行清理。如果有某人对你说了某些话，你就可以清理这些事。

我希望自己能照顾好这些想法和计划，并且竭尽所能且集中精力来清理。虽然我不知道过去这些想法和我之间发生过什么，但它们存在的真正目的是借着这个机会放掉它们展现出来的悲伤、愤怒、怨恨和自责，让彼此真正自由。我们应该做的就只有这些。因此，我们就会在那些被照顾、被赋予生命的想法中感到安心，并顺从灵感得到最正确的结果。

在某个时期里，我曾充满热情地想做某些事，也曾灵光一现地想到许多点子，却因为它们无法完成而不断累积在心里，这些事情最后仿佛变成了肮脏的垃圾桶一般，让人无法多看一眼，硬是被我盖上了盖子。

> “搞砸了”“被拒绝了”“因为我这个部分不足，所以没办法实现”“好悲惨”“好丢脸”……我找了好多原因让自己放弃。这些无法成形的存在，被我黑暗的心情捧在手心，然后被葬送，失去了方向，就这样一直留在我心中。

当他们承受着期待时，就仿佛装载了高价引擎的汽车一样，可以飙到急速。但那些莫名被观赏并被过度期待的想法会怎么样呢?

如果不清理期待，只是随意放在一边，这些期待就会无限期膨胀，我曾好几次因此失去了纯真和自由，但被夺去自由的不只是我，还有想法。

如博士所说，期待从很久以前就在我心里了。只要认为内在小孩正透过想法赋予我们自由的机会，心里就会自然而然地和这些被自己遗忘的存在说话了。

“你可以自由了。有什么能帮上忙的地方，再告诉我吧。我会帮助你的。”

着急和焦躁都是记忆。如果不进行清理，即使梦想实现了，也只会形成记忆的锁链。

当你看到别人实现了自己过去曾有的想法和梦想，感觉羡慕的时候，就要想起仍然存在自己心中的想法，和他们对话。

“对不起，请原谅，谢谢你，我爱你。”

说完之后，你就能静下心来，往下一步迈进。这么做，和之前盖上盖子假装什么都看不见，并继续前进有很大的差异。盖上盖子之后，虽然很多想法就看不见了，但也有很多想法还留在你心里。

东西或是你的内在小孩，是在你只重视结果和金钱的状况下强硬产生出来时，对他们而言，这种感觉就跟受到虐待没有两样。包括你，还有所有的存在，都希望回家，也就是回到神性智慧原本就准备好的家，回到家就会知道一切的事情。即使和你所期待的不符，只要让想法回到原本的家，它就会在不经意中引导你走上更棒的道路。

不管选择什么样的生活方式、有怎样的想法，这样的生活方式、想法，以及与你相关的过程，正是你的灵魂返回原处的通道。不管是多小的事，将思想、意识和意图放回正确位置的过程如果太过草率，意识就会非常平等、完全留在相关的事物、人、地点或意识里。当然也会留在你的灵魂里。

从那一天起，只要有任何灵光一现的想法时，我就进行清理。我把这些想法当成刚出生的婴儿一样，对他们说这四句话，仔细照顾他们。从此之后，我就不再为了眼前的欲望而随便讲话，或是使自己陷于焦虑之中了。这不但使自己变得很轻松，人际关系也发生了很大的改观。

还让我数次在无意识的状态下飞来一笔，脱口说出以前想过的事情，清理给了我好几次全新的机会。

并非只有表现在外的才是自我表现，表现时必须先面对内在小孩，清理、清理、清理，再三地清理。如此一来，就会有变化因灵感产生。当你以自由的状态接收了灵感，你身边的一切就会帮助你以最完美的形态连接到你应该联络的对象。在这样的状态下，对外发出讯号的真正表现，才是灵感。

◎ 修·蓝博士的自我清理话语

试着清理一下梦中所见的景象。

趁着平常你所依赖的心灵暂时休息片刻的时候，

内在小孩让你在梦里看到了许多事物。

就只要清理梦中所见。

如果对梦中所见有任何意见，也要一并清理。

你的工作就到此为止。

这是清理的关键。

它一定会为你开启通往“真正的自己”的那扇门。

你真正的使命只有一个，就是找回自己

你只有一项任务，就是找回“真正的自己”。

每次和博士见面的时候，他都会这么告诉我。不管当时的我是多么一帆风顺、事事如意，或是问题堆积如山，无一事顺心。

一旦我心里累积了不安和不满，就会努力想要获得大家的赞美，忍不住想和其他人比较，接下来就会尽最大可能正面思考每一件事情。

但这样做事情的效果会越来越差，于是我接着试图找出解决办法，打算展开重新审视自己的旅程，或是开始胡思乱想，幻想着干脆换个工作好了，但最后，这些做法几乎都只会让自己更加沮丧。

“改变自己”的方法或许可以在短时间内让自己振作。但是之后呢？或许只会更沮丧吧。难得内在小孩让我们看到自己应该进行清理的东西，但你却把这些痛苦的回忆抽换掉了，无视于他的存在，让他受到很大的伤害。

确实如此，当事情进展不顺利时（例如：不满意目前的工作、对未来感到不安，觉得别人都比自己好而羡慕不已的时候），我就会在脑中描绘出理想状况，想着要怎样改变才好，不可思议的是，自己的态度会跟着改变，连内心也会变得正向，却无法就这样持续下去。

“负面情绪”不也经常成为你的助力吗？不管是好的时候、不好的时候，你最需要做的，就是清理。

一直以来，博士的话总能为双脚悬空的我带来新的方向。

不管是什么样的工作（不管我喜欢不喜欢这份工作）、和什么样的人一起（不管我喜不喜欢这个人），我最需要做的都是先找回“真正的自己”，而且是借由清理来进行每一个瞬间的动作找回自己。这种方法既不需要采取什么特别的行动，也不必将工作或自己正在面对的人换掉。它可以在眼前或就在这个地方直接开始。博士口中的“真正的自己”，指的应该就是清理每个瞬间所涌现的情感、在每个时刻找回的自己。

> 清理眼前所发生的事情，例如突然浮现了想要打扫房间的念头，一边清理这个想法，一边采取行动。隔天当你在公司上班时接了一通电话，说不定无意间就会出现让你找回自己的一句话。你不会察觉清理的结果让你消除了哪一段记忆、带给你什么，但你总能在每一个清理的延长线上，慢慢找回真正的存在和光芒。

没错，不用想办法勉强认同自己或是喜欢自己，我最先会做的，就是一边默念“对不起，请原谅，谢谢你，我爱你”，一边进行清理。

只要握住了清理这个舵，很不可思议的，我的心和身体都会变得非常平静。只要想到自己还有一个可以持续一辈子的任务，就能感觉到仿佛在寒冬中拥抱一条暖被般的安心感。

不需要期待他人的评价，也不需要和他人比较。只要在自己所处的环境里，一个人就可以进行这个动作。但你需要伙伴，这个伙伴就是内在小孩，他会告诉你新的任务是什么，也就是应该消除的记忆是什么。

举个例子来说，当你感觉房间很乱，准备开始打扫之前，先说句“谢谢你”并马上进行清理。打扫途中感觉很烦的时候，再进行清理。打扫完觉得很幸福，或是无意间看到怀念的照片而觉得很感伤时，再继续清理。

一边重复对当时的体验念出四句话，一边通过清理找回自己，而不要被记忆拉走。如此一来，就会感觉自己仿佛正被带往“真正的自己”，仿佛被一股强大的力量所拥抱。

每个人的状况或年龄不同，在人际关系和工作上的能力难免有差异，机会也会因此而有所区别，但不论到了什么年纪，都会有自己应该优先做的事。

即使环境和时代一直在变，仍然可以持续不间断地清理。

为什么必须找回“真正的自己”呢？那是因为当你内在的家人，也就是心里的另一个自己不完整，人类这个家也会因不完整而无法成立。如果内在的家人能维持在完整的状态，也就是活出“真正的自己”的状态，光是这样就能让自己找回充满能量的感觉。

平静从“我”开始。不管现今社会中发生了什么新闻事件，都应该有一种和平只存在于你心中的感受，那是一种真正的和平。

只要集中精神在自己的工作上，即使不刻意做任何改变，在职场和人际关系中也会相应产生变化，获得新的机会。或许也会发生对自己产生重大冲击的事情，但做完了只属于我的工作（清理），再着手眼前的事物之后，会发现已经有道路在前方展开。

即使我以为自己已经跌落谷底，也能感觉到有一束光正照在需要进行清理的事物上。

于是，以前自己不认识或是没有意识到的人，便会出现在我面前。虽然这份工作本来是让我很讨厌的，却能自然而然地将目前非常适合我、应当紧抓住不放的任务开放给我，并带领我往下一个阶段迈进，于是自己可以很自然地扩展、连接更多地方。不管是沉浸于喜悦中，还是深陷在痛苦里，清理这项工作一直都在等着我。说不定这项工作比其他任何事情更有趣。

每次看着博士，都觉得他的眼神仿佛在问我：

你是否确实进行清理了呢？

这时，我都会有一语惊醒梦中人的感觉。

◎ 修·蓝博士的自我清理话语

你的个性是来自于记忆吗？

你是因记忆而生吗？

如果是的话，那我有个更好的方法，

那就是一边进行清理，一边慢慢放手。

这么做的话，你真正的生命就会散发光芒。

这个光芒不会牺牲任何人，

这个光芒不会让任何人感觉寂寞，

这个光芒首先可以让你的内在小孩感到幸福。

并不是为了这个世界。

并不是为了任何人。

当内在小孩获得满足时，灵感就会出现。

灵感能让你幸福满满。

当你在灵感里点了一盏灯，

你就成了在宇宙中游荡的所有灵魂的灯塔。

首先，就从自己开始。

虽然心中堆满了许多问题与记忆，但现在这一瞬间却如此美丽

有一次我陪博士到冲绳的那霸演讲，距离正式开场还有一点时间，所以我和博士一起去附近的海边散步。夕阳从云端探出头，在海面上反射出美丽的光芒，形成一条耀眼的道路。

在这么美的景色中，我努力想为博士拍一张美的照片。包围在博士四周的寂静，使我充满好奇心的视线稳定了下来，于是我放下相机，望向海滩。

海滩上施工的工人们刚好进入休息时间，正在喝茶、看海。这些工人身后有一个穿得破破烂烂，脸上却画着大浓妆的老奶奶。

她似乎并没在看海，只是皱着眉头，手伸进包包里不知道在找什么。看着这个景象，我开始静不下心，不自觉地想起了已经过世的外婆。

在我出生之前，外婆就已经是个事业非常成功的企业家了。

家中老旧的相簿里，放着好几张外婆和前来请益的名流的合照，照片中的外婆看起来仿佛好莱坞女明星一样气派。

但在我的记忆中，外婆是个非常寒酸的人。不断经历重大失败之后，她给家人带来很多麻烦，而且总是口出恶言、低着头不知道在擦拭什么东西。

每次提到外婆，家人就会吵架。小时候，我很害怕待在那个又暗又寂寞的家里，但又害怕我不在家时会发生什么严重的事情，所以有事出门总是提心吊胆，完事又气喘吁吁、急急忙忙地跑回家。此刻，不知为何我突然想起了这样的外婆。

回过神后，我转头看向博士，他还是维持刚才的姿势看着大海。

不知不觉中，博士的身边聚集了几只白色的鸟，静静地把身体埋进沙子里。

荷欧波诺波诺认为，眼前所见的景象就是记忆的重播。

虽然身处于同一个海边，但博士在眺望美丽的海洋，就连鸟儿们也安心地打着瞌睡。我却想起了以前的事，陷入情感的深渊而忐忑不安。

当时的我，正在清理眼前所见、心中所感。不知为何眼前这个初次谋面的老奶奶和已经过世的外婆的形象重叠了。接着，我也鲜明地想起了自己长年以来对金钱的恐惧和执着，所以我便对此进行了清理。

因为自己那时的无能为力，使我不断地责备自己，于是我重复对此事说："谢谢你，对不起，请原谅，我爱你。"

接着，我突然想起了一件事。

当我还是中学生的时候，外婆对我说："随时都要保持优美的体态。因为从优美的体态中可以传达许多优美的感受，将来它们很可能就会成为你的助力。"

当时的我，一定怀着恨意吧，心里只是想着："你居然还敢这么说。都是你害整个家族吵闹不休，而且你还每天驼着背、低着头。"

即使如此，当时外婆所说的这几句话还是穿越时空，在这个瞬间传到身处冲绳的我的耳边，我不禁挺直了身体。

不知道是不是察觉了我的举动，穿着破烂的老奶奶对我笑了一笑。她的笑容非常清爽，旋即展现在我的眼前，让我感觉放心，心情也变得明朗起来。

博士拍拍我的肩膀，对我说：

虽然我心中堆满了许多问题和记忆，但是现在这一瞬间确实如此美丽。

我不知道博士这么说有什么特别的意思，但这其实是个让我改变意识的体验。不管是多小的事情，我都会坦率地清理眼前所见的事物，结果一直以来，我放不开的那些像大石头一样沉重的记忆，就突然咻的一声消失，我似乎又能连接到真正的自己了。

就算外婆已经过世，在我进行清理之前，只要一想起外婆，她还是个令人感觉丢脸的存在，会让我心里的某个角落蒙上阴影。

但是经过那次在那霸海边的体验之后，这样的印象突然有了转变，外婆似乎变成了我的护身符。

回想起这件事，我就会觉得全身充满了力量。

这并不单纯是因为自己变得正面，因而能够美化已经过世的外婆。因为如果是这样，之后再听到家族成员不断重复外婆那些不堪的过去，这个效力应该就会消失了。

因为我不断地进行清理，所以借由外婆所看见的那些常年以来的记忆就被删除了，我感受到原本应该存在于我和外婆之间的完美关系中，有光芒穿透阴霾照射进来。

虽然那些悲伤而落寞的记忆现在仍然偶尔会被播放出来，但只要借由清理来消除这些记忆，总有一天我就能再遇见“真正的外婆”。

开心时的你，并不是真正的你；郁闷时的你，也不

是真正的你。不管开心或是悲伤，感动或是愤怒，都是你的内在小孩展现给你的记忆。现在就进行清理，回到归零的、真正的自己吧。

关键在于清理“现在这一瞬间”。

只要消除记忆，你总能遇见真正的自己。

◎修·蓝博士的自我清理话语

即使是一小片珊瑚的残骸里，也蕴含了几百万个生物和关于他们的死亡记忆。

而在你的一个体验里，也播放着数不尽的记忆。

即使你将其视为秘密，内在小孩也会老老实实地不断播放，

直到你割舍这段记忆为止。

任何时候都不能忘记，问题的原因其实在你心中。

拯救自己，就是拯救母亲。

拯救自己，就是拯救孩子。

拯救自己，就是拯救公司。

拯救自己，就是拯救地球。

你和我，我们每一个人都是人类的代表。

究竟要有怎样的伴侣，你才会觉得满意呢？

想象完美人际关系的时候，我都会先想象最完美的理想对象，例如理想的家人、理想的情人、理想的朋友。但不管我想象得多么具体，却从来没有遇见过这样的人。既然如此，我便去参加增进人际关系或是学习与家人保持适当距离的研讨会。

我也曾经试着不管再怎么累也要增加与朋友见面的频率，或是努力谈一场新的恋爱。但不管我做了多少努力，内心深处总还是有一点无法抹去的不安情绪。

就在我对人际关系感到疲惫的时候，我认识了荷欧波诺波诺。刚认识博士时，他问了我这么一句话：

拥有怎样的伴侣，你才会觉得满意？

能让我觉得满意的伴侣，必须要：不说谎、随时都和我在一起、为人正直、永远都很温柔体贴、不论任何时候都最爱我、不生气、不命令我，还要守信用，如果能随时称赞我，就更棒了！

明知道这些条件是不可能的，但如果可以随时开条件，能够有这样的家人、朋友、情人的人生就太美好了。

我有点难为情地把心中所想的理想对象的标准告诉博士。心里想着，说不定博士可以告诉我如何找到这么理想的对象！

这是内在小孩要传达给你的讯息。

博士只说了这么一句话。虽然没有听到期望中的答案，让我有一点小小的失望，不过我也同时在心里重新思考了一下自己对别人的要求。

“不说谎；不管我做了什么丢脸的蠢事，也愿意一直陪在我身边；不求回报、温柔待我；就算我丑态百出，做尽蠢事，也不特别在意、不会感情用事地动怒；不管多忙、无法陪在我身边时，都不会忘记我，会一直把我放在心中最重要的地方。”

> 当你对其他人不满、感觉不完整时，那就是内在小孩要传达给你宝贵信息的时候。你要睁开内在之眼，察觉这件事。在这个世界上，没有人听不见内在小孩的声音。内在小孩一直借由你的情感和体验，不停地和你说话。

以前，我总觉得自己听不见内在小孩的声音。

我以为必须常年进行清理，内在小孩才会对我说话。但是诚如博士所言，其实我一直可以透过自己对别人有所期待时所拥有的情绪或表达的话语，听见内在小孩的声音。我却总是因为怕丢脸、认为这种情绪是多余的，而忽视它的存在，或是反过来被要得团团转，无视于内在小孩的声音。

当你还是原本最纯真、处于零的状态时，不管何时、何地、和谁在一起，你都能满足于完整的关系。当你感觉自己和某人之间出了问题、感觉没有获得满足的时候，希望你能立刻想起内在小孩的存在。

这时内在小孩说了什么话呢？是内在小孩让你看见自己和这个人之间的问题所在。这么想，应该就会知道该和他说些什么了。一般情况下，我会跟内在小孩说：“对不起，一直以来我都忽略了你的存在，请原谅我。”

一旦内在小孩和你一起找回完美的伙伴关系，你就能在外也体验到这层关系。

我总会忘记要和内在小孩说话。每当发生问题时，我总是先找自己信赖的人商量，并请对方提供建议，或是用金钱、工作、朋友、兴趣、旅行、情人等自己以外的人事物来解决问题。

忙得晕头转向的时候，我就完全忘记内在小孩的存在了。相反，我对内在小孩所说的话，都是失败时自己对自己的责备。

“为什么我只会做这些丢脸的事！”

“为什么会失败呢？”

“啊，不管我怎么做，都像笨蛋一样。反正没有人会爱我！”

仔细想想，一直以来，我都忽略了自己的一部分，也就是内在小孩。我对他口出恶言，使他受伤，不知道自己究竟为谁而活。

内在小孩就是你自己，你可以靠意志力给予自己想要的东西。这一点千万不能忘记。只要诚实面对自己的内在小孩，只要一次，你就能同样诚实地面对其他人和生活环境。

如果对他人有所求、与外界的关系有不足的地方，就可以先试着把这些想法与内在小孩分享。

例如：当你感到孤独时，可以花一些时间好好在公园里和内在小孩独处。在看电影、读书之前，或是看完电影、读完书之后，对内在小孩说句“我们一起进行清理吧”，只要这么一个步骤，结果就会完全不同。

所有涌现的情感，都是内在小孩的声音。请你仔细倾听内在小孩长久以来想要什么。

内在小孩是一个极具幽默感、很棒的艺术家，是最棒的朋友。当你找回与真正的自己，也就是内在小孩之间的连接时，就能在各种不同场景体验这件事。

在认识荷欧波诺波诺之前，待在人群之中会让我觉得非常痛苦。我很害怕自己一个人独处会引人注目，因此会不断地想要找出“能和我相处融洽的人”。

话虽如此，但我也很不擅长和人见面。从小学开始，即使和感情很好的朋友约好见面，一接近约定的时间，我就会突然觉得麻烦，甚至觉得害怕起来。

“一个人”待着绝对不是悲伤、无聊的事。当你与自己内在的三个家人联手并肩的时候，才是你第一次体验“一个人”的时候。

但这并不是你自己在心智层面所理解的“孤单一人”。

这时你才终于了解“一个人”的状态才是至高无上的最佳状态，知道没有任何东西可以阻碍你，并让你懂得感谢任何人和体验带给你放掉记忆的机会。

在很长时间里，我心里的某个角落一直认为“一个人”是寂寞的、难为情的。不管是图书还是瑜伽课程，都告诉我们要享受一个人的时间，所以我理智上觉得一个人独处应该是很舒服的。可无意间体验独处时，我还是会觉得孤独感在心里蔓延。

小学低年纪的某一年暑假，爸妈送我去参加为期两周的露营活动，一直到活动结束，我都没有交到朋友。

回家之后，爸妈迫不及待想听我分享露营中所发生的事，为了不让他们失望，我甚至编故事骗他们，这种悲哀的心情，比露营那两个星期的孤单更让我不舒服。

但是现在的我认识了清理这项工具，博士的话让我想起从前的自己，于是重新对内在小孩说："谢谢你让我看到自己曾有过这么多孤单的感觉，很长时间以来，我都没有注意到你，对不起。"

你会出现在并非真正的你所在的地方，那纯粹是因为记忆的重播。某些人被你吸引，是因为你的内在小孩感受到幸福。大家都被你所体验到的幸福所吸引，才会靠过来。因此，如果现在的你正感受孤单，就必须先满足自己与内在小孩关系的需要。

一直到现在，和人见面之前我都亦喜亦忧，有时候也会无意识地以装扮和言行举止来吸引别人。不过现在一旦发现这点，我会立即叫自己马上回到内在小孩的身边。

例如：当我有机会认识新朋友时，在寻找可能和自己合得来的人之前，我先会和内在小孩站在一起。与人分离时，在花时间和精力排解分离的悲伤之前，我也先会和内在小孩说："这份紧张和悲伤已经累积很久了，让我们一起进行清理吧。"

这样做了之后，我就能感觉到那股激动和痛苦的情绪就会放松下来变得柔和，并产生舒适感。不可思议的是，接下来就会遇到很多事情（而且几乎都是很棒的邂逅），或是新朋友，或是新的兴趣点，当然有时也有棘手的问题。但不管任何时候，只要再一次倾听自己的声音，回到"一个人"的状态，就能发现这个呈现在眼前的无限延展。

就算你不特别说你自己的事情，只要和内在小孩在一起，对方就会注意到你、倾听你的声音。不管是约会、

面试或是开会时，即使你不过度装扮自己、不用说太多话，只要和内在小孩在一起，你就能做真正的自己，对方也会感受到。就连表现不好的地方、忘记传达的内容，对方也能接收到。所以回家的路上你不需要责备自己，也不需要后悔。

◎ 修·蓝博士的自我清理话语

"Love·零分"

你看过网球比赛吗?

网球比赛的积分形式有 Love(零分)、十五分、三十分、四十分。比赛就是从"Love·零分"开始的。

现在试着用荷欧波诺波诺的观点来思考一下 Love 这个字。Love 表示的是没有分数的状态,没有奖金、报酬、得失,是无的状态。爱会带我们回到舍弃一切、什么都没有的状态。

Love 是零,是带领我们这种独立的人前往爱的那种无的状态,前往无,也就是前往所有状态、前往整体(wholeness)。

想要成就完整的整体,必须经历将愤怒、恐惧、自责、责怪他人、怨恨、使自己痛苦的想法以及有害能量归零,也就是清理的过程。

怨恨的情绪和想法会使我们的心支离破碎,使我们陷入身心不协调或身心不适。

人生的目的、生命本来的意义，在于回到爱的本质。

并非要等到未来的某个时候，而是在现在这个瞬间回到爱。

Dr.Hew Len's Message Board

修·蓝博士经常亲手描绘幽默的图画来说明荷欧波诺波诺
现在就为各位介绍其中一小部分。

1 | 当内在小孩的记忆被重播时，你正在看着记忆（memory，以下简称m）。如果这时不进行清理，你就无法透过m和任何人连结。

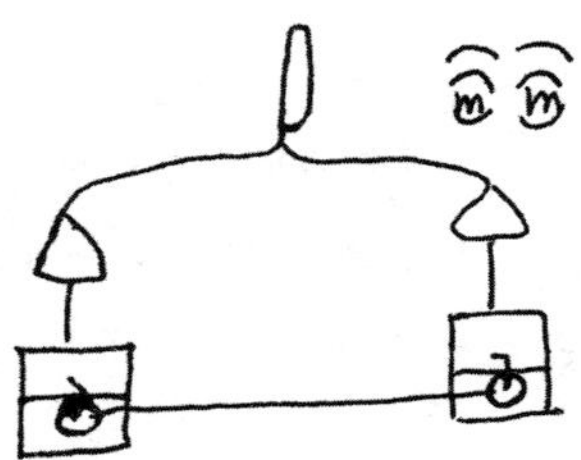

2 | 进行清理之后、从“零”当中获得灵感时，你是透过灵感看着外面的世界。这时你可以透过灵感和任何人连结。

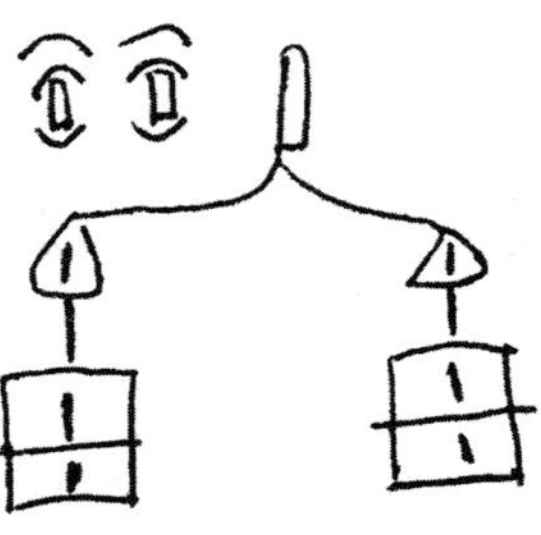

3 | 清理的过程。

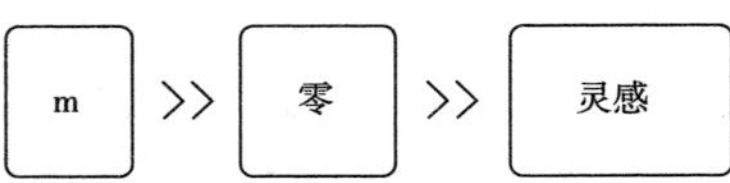

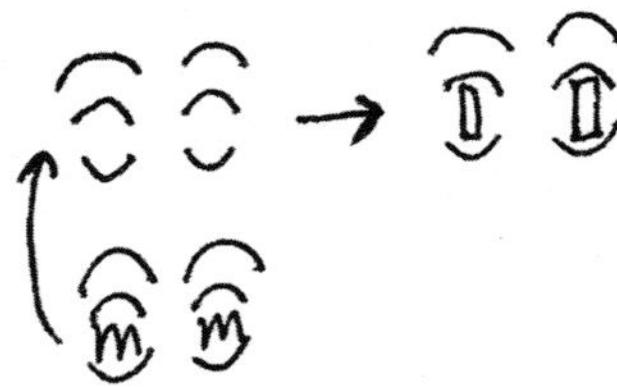

4 |

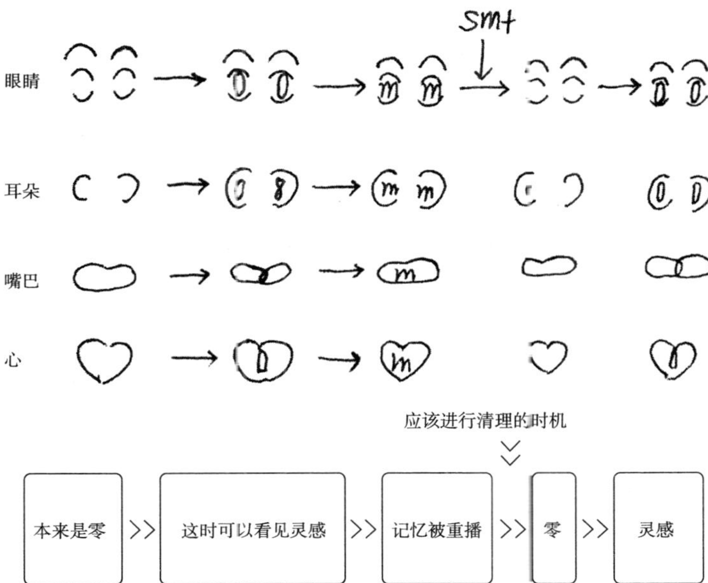

5 | 所有的原因（记忆的重播） >> 结果（例如以疾病等结果展现出来）

善待自己，就是对神性智慧的感谢

家人发生问题的时候，我做任何事都不开心。家人生病的时候，我从早到晚都挂念着。当我沉迷于某件事而忘记家人时，又会觉得很有罪恶感。工作时也会不时想起这件事，好像使心情也笼罩上了乌云。这种时候，博士会对我说：

> 善待自己、爱自己，就是对神性智慧的感谢。不管发生任何事，首先就要照顾自己的内在小孩。也就是花很多时间和自己相处，尽情活在当下的这一瞬间。这么做就是打从心底将“谢谢”传达给万物的源头——那个伟大的存在。

我发现当“担心”这个记忆被重播时，我们就只能停留在担心之中，而且将这个担心错认为关心，并使自己忘记该做些什么，甚至会忘记内在小孩的存在。

就算家人正为某事烦恼，还是可以持续进行清理。不管是去看望病人的时候、拍拍家人的背给予安慰的时候、在便利商店选购果冻当作伴手礼的时候，我都会在心里对自己体验到的这个问题说“谢谢”。

和朋友度过开心的时光后，就清理这份“快乐”。回家的路上如果心神不宁，我也会不断念着“谢谢你，我爱你”。我会把重复执行这件事当作自己的责任。

你以为自己感觉幸福的时候，就会为某人带来困扰、让某人难过，也会让某些人怨恨自己，但这些都是你的幻想。当你的记忆被抹去，回来和真正的幸福共处，也就是让你的内在小孩感受“幸福”与爱的时候，出现的就只有和谐。很多人会因为过去的记忆而渴望幸福又深陷于恐惧之中，可能你会问，为什么我们感谢神还会有罪恶感呢？

听了博士这番话，和自己独处并进行清理的时候，我开始可以对伟大的存在说“谢谢你”……

发现这点之后，长久以来存在我心中的不安和罪恶感便消失了。

与此同时，一位受心理问题所苦的家人就恢复了健康，对于一些小事也能看到并感受到其中的美好，也自然而然地开始喜欢品尝有益的食物。

现在就对那些让你的灵魂蒙上阴影的自我否定进行清理吧。

审视自己与家人之间的关系、家人受疾病所苦的体验，就会在不经意中发现伟大的存在正静静地对我们施以神力。

以前我从医院回家时，总是抱着沉重的心情，拖着沉重的脚步，现在的我已经可以感受到自己对家人由衷的感谢，以及与他们共处时的喜悦和快乐了。

这个时候我不得不感谢，那是一种让我想要对这个看不见的伟大存在大声说出“谢谢你！”的体验，这个体验来自我那受到清理的记忆（也就是家人为疾病所苦的现实体验）。

> 每个人都有神性智慧。神性智慧会把完美的东西送给我们每一个人，所以你可以放心，专心从事你的工作。

博士这几句话，让我对自己如何真正连接最爱的家人这件事，有了察觉。

◎ 修·蓝博士的自我清理话语

容我再重复一次，请大家优先善待自己。

其他任何事情都摆在后面。

如果因此产生罪恶感，

那就是你的内在小孩以及整个宇宙都想要放手的痛苦记忆在作祟。

我都知道。

最善待自己的人，

会比任何人更善待大自然、身边的人及生物、家庭等所有存在，也会是一个仔细以爱对待所有事物的人、最棒的艺术家，更是一个极富教养、充满爱心，有如天使一般的人。

当你的内在小孩知道自己是被疼爱的，

就会带给你最棒的想法。

会在最完美的时机，为我们准备好最完美的环境。

所以我们要善待自己。

你向外所期待的东西，现在马上就能从自己身上获得，那一定是自由、爱与平静。

当你在内心体验到爱的时候，

只要你的一句话，就能够将爱的种子传播到需要的地方。

当你在内在体验到平静的时候，

只要你的一封邮件，就能将平静的种子传播到需要的地方。

当每个人都能找回真正的自己、对自己的幸福负责时，就能将荷欧波诺波诺的清理过程传达到宇宙的任何一个角落。

只要你找回真正需要的东西，

身边的人也能找回。

时间也有自性，若你不好好珍惜，时间就会溜走

有一次我和博士约好见面，却不小心迟到了。

当时，我的大脑一片空白，心里感到焦虑和抱歉，见面之后只是不断对博士道歉："我迟到了，真的非常对不起！"

博士认真地看着我，对我说：

> 你应该道歉的对象不是我。如果要道歉，就对时间和自己的内在小孩道歉吧。
>
> 如果你不善于管理时间，或许就表示因为时间不受你重视，而正在排斥你。

那时我突然明白了。即使不怎么忙的时候，我也常常觉得时间不够用。明明一边准备外出，一边盯着时钟看，整天的计划也经常是虽有规划，却没办法妥善地为事情分配出时间，很

多该做的事却被抛到脑后，结果总是处于焦虑之中，常常被朋友说："你怎么总是慌慌张张的？"

当我待在不舒服的地方时，我也经常在心中默念："拜托时间过快一点，快点结束吧！"不管是哪一种状况，时间和我之间的关系似乎都称不上太好。

对自己来说，如果不清理"获得这一瞬间"这件事，时间就会觉得"我在这里没办法呼吸了，我不想待在这里"，然后逃离你。时间这个自性，就无法带你到本来想引导你前往的地方，也因此失去了它的作用。时间本来是非常丰富、极富创造性的东西，但因为你不愿意舍弃"过去"，所以时间本身也就动弹不得了。

关于时间，博士是这么告诉我的。

时间和我们一样都是有意识和记忆力的，我们舍弃的记忆同时也会被时间排除在外。

相反，如果我们不愿意尽自己的责任，与出现于眼前的事物的内在说说话，也不愿意放掉该割舍的记忆，那么时间甚至无法发挥它原本该有的功能。

> 如果不好好对待时间，你就会失去自己在这个世界里的方向。
>
> 被时间嫌弃的人，不管走到哪里都找不到属于自己的地方。以敷衍的态度对待时间，宇宙就不会再给你时间了。
>
> 如果你有过总是无法妥善管理时间的体验，可以试着多加留意日常的清理。
>
> 例如用餐途中听到隔壁座位有人在吵架、最喜欢的店这一天突然公休……通过清理这些日常体验到的小事情，被记忆所拦阻的事物就会被重新释放出来，并且回到原本的平衡状态。当然你和时间的关系也是。

不管多么小的事，都会跨越时间与你连接，并且在目前这个瞬间的体验中被唤起。你不需要在脑子里进行“这个记忆需不需要清理”的筛选。

早上起床之后，就清理当天已知的行程、清理每天搭乘的电车、清理偶尔看向时钟时眼前所见的事物……

博士告诉我，最重要的是“现在”清理这个时间带给我们的事物，这就是向时间这个自性致上最大敬意的方法。

如果觉得时间过得太快、太慢，就试着对这个体验念出那四句话吧。当你因为比预定时间提早完成而感到开心的时候，不妨在心里说出“我爱你”。今世应该清理的记忆是你和时间共同拥有的，同时也是因为有时间的存在才能让你表现“自我”。

和时间之间的清理才刚开始。对我来说，这件事真是自己最大的课题。

我真的非常受控于时间而且常有想哭的感觉，这时我会一边进行清理，一边感谢内在小孩借由时间所展示给我的一切，并一点一点地找回真正的自己。

时间，谢谢你待在我的身边。

◎ 修·蓝博士的自我清理话语

请着眼于你的生命。

不要在内在小孩展现给你的故事里迷了路。

随时都要将这件事放在内心的某个角落，

要记住，你所体验的每一件事，都是让你找回真正的自己的提示。

现在就在你的内心盖一栋屋子吧，

一栋可以养育你、带给你恩惠的屋子。

安定（stable）

安心（secure）

平静（peace）

这栋屋子是由这三个元素组成。

内在小孩是最棒的艺术家，
会在每个瞬间带给我们将记忆放手的机会

某天我在博士投宿的饭店里看见了一幅画，不禁称赞：“好美哦。”博士听到后，笑着对我说：

> **你的清理进行得很顺利吧。想必是内在小孩在你面前展现的这幅图画，带给你清理的机会吧。**

没错，我的内在小孩经常会将各种讯息和记忆展现在我面前。

记忆并不只会将悲伤、痛苦的问题展现在我面前。很多令我感动的“记忆”也会带给我放手的机会，例如优美的音乐、绘画、摄影作品或喜欢的神话、美食或电影等。

就算是一个颜色，如果那鲜艳的色彩能打动你的心，那这也是内在小孩将你过去的记忆带到你面前的一个讯号。

即使你没有意识到这个讯号是“为了清理而发生”，但只要率直地感谢内在小孩让你看见它，当内心有所反应时，感动的瞬间、感性启动的瞬间，庞大的记忆就会再次出现于眼前。

所谓清理，并不是要求你舍弃情感、面对任何事物都不动如山。看着博士，我有了这样的想法。因为博士本身就是一个很喜欢讲笑话、带给大家欢乐、每天欣赏并享受绘画和音乐，而且充满魅力的人。

因为我们无法完全清理干净，所以才会想起往事或发生某些事情。因为有记忆，所以我们才会旅行、听音乐、和人说话、与人分享。

而且这并非坏事，因为这只是借由很多形态进行清理的机会，所以不需要认真思考，只要直接进行清理就好了。这是最大的诀窍。

不知道大家是否曾经在旅行时突然想起不相关的事。我总是在旅行途中想起好多事情。如果是以前的我，应该只会沉浸于伤感的情绪而无法自拔，但认识荷欧波诺波诺之后，我便了解这是内在小孩想借由旅行而带给我的清理的机会，因此我会坦率地接受并进行清理。

例如，最近发生的这件事——

造访欧洲时，我走在巨大钟乳石洞里，突然想起了叔叔的前妻，而且形象非常鲜明。因为我本来完全没有意识到这件事，突然再想起她，使我有一点开心却又有点难过，因此我对所有情绪进行了清理。

“内在小孩，谢谢你让我看见这些在我心里还没有被消除的记忆。婶婶，谢谢你在我小时候到你家玩时做好吃的料理给我，还这么照顾我。”

郁闷的心情一下子变得神清气爽，我带着舒适的心情走出钟乳石洞。

这趟旅行平安地结束了，大约半年之后，家族成员安排了另外一趟旅行，到西雅图拜访居住于当地的叔叔。

见到叔叔之后，大家发现叔叔的生活有了很大的变化，都非常惊讶。

原本顽固而又充满负面想法的叔叔，现在变得开朗又可爱，看起来非常快乐。他搬进一栋朴素的房子，和非常棒的新太太每天过着快乐的生活。之后所发生的事，就和我通过叔叔的前妻所感受到的灵感一样。后来在叔叔的提议之下，我们大家一起到隔壁镇的叔叔的前妻家喝茶，使我有机会当面向婶婶道谢。

不久后，叔叔的前妻照顾了罹患心脏病的祖父，直到祖父过世为止。如果当时我没有清理自己那些关于叔叔的前妻的情绪，只是逐渐和她疏远，那么对于她愿意照顾没有血缘关系的祖父这件事，除了感谢之外，应该还会抱着一点后悔和抱歉的不安情绪吧。

在婶婶多年的照顾之下，祖父临终前的面容非常安详，是我不曾见过的，使整个家族也都能以平静的心情面对祖父的死。我也终于能带着笑容、由衷地对婶婶说了句“谢谢你”。

当然，我无法得知清理之后会发生怎样的结果，不过确实有过很多次当场清理浮现出来的记忆之后，内在就会以不同形态取得平衡并再次展现出某些体验，仿佛是那些清理的功课给我回报一般。

我们无时无刻都处于与内在小孩的记忆“相遇”的状态。我们同时也在每一个瞬间都被赋予了“清理”这个最棒的工具。于是我们可以从中选择丰富、平稳与爱。

2011 年 3 月，我和博士第一次到台湾演讲时，曾经抽空到故宫博物院参观。约定好集合时间之后，大家就解散、各自行动。

终于得以如愿以偿到故宫参观，我的心情非常雀跃。看到博士在欣赏一尊马的雕像，我也开始到处看看。两个小时之后我回到同一个地方，博士还在看同一尊雕像。

就连当天和出版社工作人员聊天时，博士还聊起这尊雕像。喝茶时又问了一次这尊雕像所在的博物馆名牌。

博士的内在小孩究竟从这尊我并没有多看一眼的雕像中，传递了什么样的信息给博士呢？

博士经常会像这样停下脚步，针对很多我不会特别注意的东西，认真地进行清理。

例如，某个地方乡镇美术馆里的一幅画、被海浪冲到岸边的海菜堆、日式茶屋所端出来的小杯普洱茶的表面。

虽然博士的样子看起来只是盯着某样东西看，但我知道博士是在进行清理。这时我也会赶紧进行清理。博士清理完毕之后，会静静地抬头看着我，给我温暖的微笑，在我心中，那一瞬间就好像宝物一般闪闪发亮。

◎修·蓝博士的自我清理话语

记忆并不是坏东西。

记忆并不是恶。

其实，记忆经常支撑着我们。

但是如果我们不处理记忆，

就会迷失自己。

这就是悲剧的开始。

内在小孩是很认真的。

他会不断地播放我们从某个时候开始累积的记忆。

他会不断地重复、再重复这些没人感兴趣、没人想多看一眼的记忆，

不断改变形态并重新播放，直到你将其消除为止。

能将记忆送回记忆该存在的地方，唯有表面意识，也就是你自己。

如果不从“我”开始，就没有人能开始。

过于沉迷时，就听不见内在小孩的声音

和朋友相约见面时，即使不会特别和朋友事先约定，我通常也会自己先设定好离开的时间。但每次见面之后我们常会聊得特别开心，所以时间快到之前我总会告诉自己：“再一下下、再一下下就好。算了，不要管时间了。”于是就常常顺着当下的气氛，多待了好久。

但是待太久之后，现场气氛本来应该很开心的，却变得和一开始见面时那种开心的感觉不太一样。

前一秒还很平和、欢乐的空间，却突然充满焦虑、嫉妒、焦躁和不安。和朋友之间和谐的气氛也会突然消失，自己甚至会感到厌恶…… 我仿佛是一过深夜 12 点就会马上变回原形的灰姑娘，我曾经有过好多次这种体验。

不管多么小的约定或想法，内在小孩都会听到。你

在心中低声地说“如果能得到这个，那个就不要了”“如果这件事顺利，我就相信这个”这类的想法以及任何小事，内在小孩都听得见的。

某天博士这么告诉我。当我们为了某些事开心到忘我，以及让我们热衷某些事情到热血沸腾的程度（像是逛街购物、旅行、沉迷于电视或网络的时候就是如此）时，我们就经常会忘记内在小孩的存在。

就算不开口和对方约定，也是在心里决定好离开的时间，但只要稍打马虎眼，破坏了一开始的计划，不断对自己说“再一下就好了，再喝一杯就好，再一下下……”心里就会感觉不诚实仿佛变成一个黑色大石块压住了自己，这其实就是内在小孩发出的声音。

不论何时，一切都取决于你如何对内在小孩表现诚实。不能因为深陷在记忆中而忘记内在小孩。

当然，如果真的非常开心，继续延长欢乐时光有时候是没有关系的。

我却总是因为开心而忘我，就好像中了毒一样。

“忘我”是一件很棒的事。但是因记忆中毒而体验的忘我，和电脑使用过度或电视看太久而头痛的感觉很像；和小时候在公园里用尽身体、心理和大脑的力气玩到忘我的状态则是不一样的。

就好像当你痛苦时会和内在小孩说话一样，不管当时有多快乐愉悦，都要记得让内在小孩坐在你的大腿上，这样的关系是最棒的。

博士这么告诉我。就算是为了某件事而忘我的时候，我们也可以和自己的内在小孩在一起。只要在短短的一瞬间，用力吸一口气、清理眼前快乐的情绪，并清理出现在心中的旧时记忆就可以了。

当你为了某件事情而太过忘我，内在小孩的声音就无法传到你耳中。你将会失去完整的“一个人”，也就是“真正的自己”。这时你所感觉到的疲惫和忧郁，都是内在小孩不想再和你在一起，想离开你的证据。

当我因为快乐的事而忘我时，其实是听见一些微弱的声音，像是“啊，开始有点累了”或是“怎么会有这种空虚的感觉”之类的。若你在忘我的时候也听得见这个微弱的声音，就要将微弱的声音拾起并进行清理，就算只有一秒也好。

用脑过度使大脑呈现缺氧状态时，我仿佛变成了记忆重播的机器，似乎只是单方面将记忆强加在人或地点之上。一定是因为这样，我才会在开心过头之后感觉空虚或悲伤。

不能只在需要的时候希望内在小孩回到自己身边，而是应该做好自己的工作，让他随时待在身边。

“现在这个时间和这些人在一起非常快乐，谢谢你让我看见这一切。我觉得有点儿累了，这也是记忆的重播吧。现在我们就进行清理，一起决定接下来怎么做吧。”

对快乐的期待和对充实的执着，会让内在小孩非常痛苦。

博士认为当我们由于对接下来的时间有着特定的期待或执着而感到束缚时，照向内在小孩的光就会被遮蔽。这时就是清理当时所发生的事和当下感受的最佳机会。

内在小孩会让我获得所有讯息，会在任何时候为我引路。但我越执着于快乐和充实时，内在小孩就越不愿意参与我的人生。

不管是因为“快乐”而忘我的时候，还是拖拉、犯懒的时候，只要我能在清理的同时敞开自己的心，内在小孩就愿意参与我的一切。

◎修·蓝博士的自我清理话语

今天就和内在小孩一起度过一整天吧，

试着让自己成为内在小孩的保姆。

开心的时候在一起，

悲伤的时候在一起，

生气的时候在一起，

试着一整天都在一起。

你一定会听到声音，

因为你的心灵不会停止。

你的情感和思想，是内在小孩让你看见的。

偶尔试着一个人到公园去。

为了感受真正的“一个人”，

独自去公园体验一下尤尼希皮里、尤哈内、奥玛库阿一应俱全的真正的“自己”。

映入眼帘的事物、

传入耳内的声音、

止不住的思绪、

寒冷、酷热，

试着对内在小孩说说所有的体验。

从清理开始对话，

试着配合彼此的呼吸，

HA 呼吸法是和内在小孩之间最棒的沟通方式。

不论听到的是爱还是恐惧，

都要和内在小孩一起。

回家的路上也这么试试看，

隔天早上也这么试试看，

两三天后也要这样试试看，

花费许多时间才终于遇见的内在小孩，

你可以选择今后要如何和他一起度过。

你可以让这个家人各地流浪，

也可以牵着他的手，

将他带回真正的家。

当你和内在小孩在一起的时候，

光线才终于能照射在你身上。

比其他任何关系都重要的，

是你和你的内在小孩之间的关系。

◎ HA 呼吸法的妙用

HA 呼吸法是一种任何时候都能进行的清理法。

每天早上起床后、下床前，我都会进行这个呼吸法。

以前的我，起床后总是觉得心情郁闷，不知是不是因为刚从睡梦中醒来，脑袋还没开始运转的原因，总觉得被内在小孩要我看的各种画面压得喘不过气。但自从我开始实行 HA 呼吸法，释放出的记忆似乎就回到了清理的循环之中。

每当我要去某个第一次造访的地方之前，或是与某人（尤其是第一次见面的对象）见面、开会之前，只要做这个呼吸法，就好像是在做一个导正自己的轴心般的纯净仪式，这个仪式对我来说非常重要。

做了 HA 呼吸法之后，被人牵着鼻子走、说错话、紧张的状况变少了。我体验到这个方法对清理羞愧、懵懂、紧张、自卑感、自我表现欲等记忆特别有效果。

除此之外，对于离开办公室之前（办公室、办公桌、办公椅也都会和人一起体验到当天被主管骂的那种难过或焦虑不安的心情）、吵完架之后的房子（房间和家具都听到了我们吵架时所说的气话）来说，HA 呼吸法也很有效。

之前我曾经问博士："你几乎每天都在世界各地飞来飞去，不会因为时差等状况而感觉身体不适吗？从很久之前开始，我就算只搭短程班机，下飞机之后，身体也会痛一整天。"

博士告诉我：

你身体的疼痛就是飞机的疼痛哦，而你和土地告别的时候也经常伴随着疼痛。因为我经常做 HA 呼吸，所以没有任何问题。

从那时候开始，每次搭机之前和搭机的过程中，我都会做HA呼吸。虽然身体的疼痛还是会出现，但下飞机之后的心理状态已经比之前清爽多了。因为在搭机过程中感觉自己就好像做了一次淋浴，舒服的状态可以从此一直保持一整天。

每当发生了让人心痛的事情，或是不小心看见类似的景象时，请尽可能马上进行HA呼吸。这么一来，你就能在这些故事想传达给你的讯息之中，轻松地掌握自己能做的事，整理出一个自己能在其中处理各种问题的环境，并自然地储备做这些事情所需要的活力。

我非常没有耐性。虽然觉得很对不起身边的人，却常常压抑不了怒火，并感到痛苦且疲惫不堪。以前我总是无法控制这样的情绪，但现在我会透过HA呼吸法，不是压抑自己，而是将它转为呼吸。这么做之后，就一定会发现自己究竟是什么样的人。

当我感觉自己因为强求或想要得到某样东西而热血沸腾，或是浮现想和他人竞争的心情时，我就会马上进行HA呼吸。

做完之后，通常就立刻会觉得自己似乎没有想象中那么渴望那样东西。也经常在自己已经忘记那件事之后，不经意中就获得那样东西。

这是我最喜欢的清理工具，一定是因为我能借由“HA 呼吸”感受到自己可以和内在小孩进行沟通。

如果你有呼吸器官方面的障碍，或是在数数时经常忘记数到哪个数字，就算只是在心里想象“HA 呼吸”，也能获得相同的效果。大家也可以依照自己的节奏和韵律来进行。

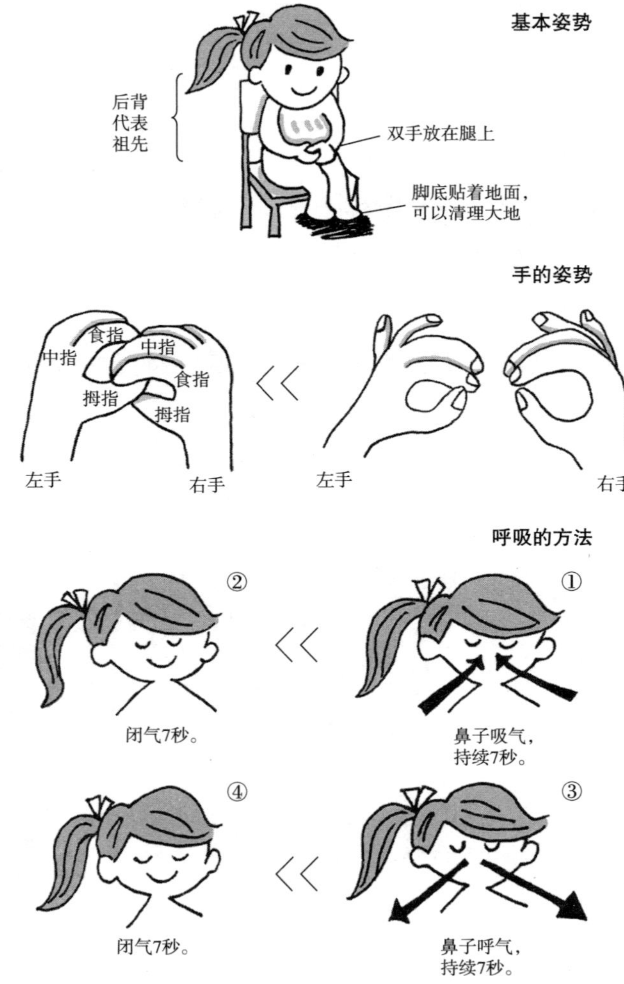

***①~④为一组动作，重复7次。**

为了平息自己内在的战争，请清理批判的想法

博士到世界各地演讲时，一定会询问当地的工作人员这个问题：

“最近这个国家发生了什么事？”

当他首次拜访某个地方，也经常问当地人：

“这里有着怎样的历史？”

世界上的任何一个地方，都有着属于那片土地的历史。

但更惊人的是，人类掌握了极其庞大的信息量。每天，各个国家都会被大量的新闻所淹没，像是犯罪、名人的婚事、大企业之间的合并、政治舞弊、革命、灾害、选举、战争等。

很多遥远的国家，我们虽然都没去过，却清楚了解当地发生的事件。当我们被问到上述问题时，反而很难回答“不知道”。虽然我们自己没意识到，也没特地查资料，但被问到这

些事时，大量的讯息就会自然从口中不断倾泻而出，仿佛机器人一般。

因此，就连之前没意识到的情感也会透过语言展现出来，像是恐惧、愤怒、喜悦、感动、兴奋、悲伤等。

博士听了之后，这么回答我：

谢谢你让我听到，谢谢你让我看到，谢谢你告诉我这块土地在听着什么声音，你处于怎样的状态，我的内在有着怎样的记忆。

博士绝口不提什么好或不好。

每一秒钟，我的内在都会有许多记忆被重播。即使是我没有察觉的时候，内在小孩也都怀抱着数以亿计的讯息。即使不是说给某些人听，心灵也都会一直不停地说着令人难以相信的话。心灵一旦控制了自己，自己就只会以记忆去看、去听、去说，进而将愤怒、悲伤刻画在地球这片土地上。

如果希望国家和环境处于自由状态，你自己就必须先自由。如果你希望家族平静，你自己就必须先平静。

当你觉得这么一点芝麻小事都只是还在口头上说说时，不知道有多少记忆已在你内心被重播了。受意识所控制的你，不会察觉这件事和削减居住在地球另一侧的人的寿命有何关系。

大多数人都不知道，唯一照亮自己生命的能量，足以扭转整个宇宙。

看了新闻之后，我们经常忍不住批评政治，或是觉得家人怎么这么顽固；看见身处困境的人，我们会觉得对方好可怜，因而变得情绪化，无法停止对某个事件、某个人的批评。察觉这件事之后，我感觉自己似乎像囚犯一样不自由，仿佛身体受到了束缚。

库凯帕（kukaipa'a）就是头脑的便秘。

便秘对身体不好哦，所以身体就借由出疹来显现。

我不知道真相。博士告诉我，这种“真的不懂、不知道”的立场，在清理时是非常重要的。

所以，现在的我会尽可能在意见冒出来的时候，先清理自己。不管结果如何，这些都是内在小孩长久以来所固有的想法，所以现在轮到我进行清理。

这些在对方的内在所见到的想法，已经在我的内在累积了好几个世纪。马上清理我心中的这些批判是很重要的，甚至不需要强迫自己割舍。

这么做了之后，你该做的事情就会出现在眼前，比如做饭、去会面、接收信息等，只有需要的那部分会出现在眼前。这时，你所表现出来的言语和行动会化为灵感传递到应该存在的地方。不管任何时候都不可以忘记，

"Peace begins with me——平静从我开始。"

2011年，我为了工作，经常往返台日两地。刚开始在台湾生活的时候，博士正好也到台湾演讲。

自从第一次踏上台湾这块土地开始，我就觉得这是一个充满魅力的地方，我非常喜欢。但那时因为语言不通，我的生活压力也达到了最高点。

我对餐厅的印象尤其不好。虽然料理味道很棒，老板也很友善，但我总是在心里想着："这里和日本的服务品质相比，简直是天壤之别！"当时我试图说服自己，那是因为物价不同。

博士似乎看透了我在想什么，于是对我说：

现在就清理你的成见吧。如果你的心中有了"这里就是有这样的地方、这个城市就是这样的地方"这种情绪，就要积极进行清理，这么做是很重要的。从你的记忆重播的判断和思想，会阻挡对方表现真正的才华。你

是为了获得清理的机会，才会来到这块土地上的。

于是我逐一清理了自己对台湾的印象，同时也清理了自己对日本的印象。这么一来，才发现自己原来对这块土地有这么多的批判。

当我在路上看到大叔在打麻将，我会将“大叔正在开心地打麻将”这个事实想成“台湾大叔都喜欢赌博，所以今天在路边打麻将”。

甚至我还会想“如果是在日本，就不会发生这种事”（明明日本也常报道赌博的新闻）。每当我发现自己对眼前的事物冒出各种想法，就开始重复说着“我爱你”。

某天我肚子饿，打算去那家已经去过很多次的餐厅吃点东西。在半路上想起了这家餐厅的店名和之前令人不快的待客方式，所以我进行了清理。

到了餐厅之后，出来迎接我的是之前经常遇见的店员。虽然是同一间餐厅、同样的菜单、同样的店员，但服务却变得棒极了！虽然还是有之前那种散漫的感觉，但店员来帮我倒水的时候就发生了很棒的事，我要求他为我加入柠檬切片，他也会贴心地多放一片在小碟子里一起送上来，还送上湿纸巾，让我在挤完柠檬后擦手。虽然店员的服务还是有一点懒散，但这天提供给我的服务水准，甚至超越三星级餐厅！

从此之后不管去哪里，我都会先进行清理。

“那家豆浆店的食物虽然很好吃，但是店员讲话好快、好恐怖哦！”每当我闪过这些念头时，就马上进行清理！于是我只得到了快乐的外出就餐生活。透过这个地区、这片土地，我还遇见了许多很棒的事、很棒的人际关系，也有了遇见全新的自己的机会。

我在台湾遇见了许多可爱的人，还有许多虽然不知道姓名，却会对我微笑的警察大哥。当我想家的时候，路边的植物随时会以满满的暖意包围着我。如果我没有借由清理打开心房，根本就没办法看见这些，当然也就无法知道，这些食物是如何丰富了我的日常生活。

当你因某事而想要表达反对时，首先要察觉这个反对是发生在你的内在，是本来就存在的。如果你不断贴标签，就会不断丧失自己应该获得的“瞬间”。荷欧波诺波诺就是找回这些瞬间的一种冒险。即使找回的只是一瞬间，也是非常有价值的。因为只有“一瞬间”能带给你安心、安全、创造力、生命力和美丽。

◎修·蓝博士的自我清理话语

“你的意见和情感，其实就是你的个性吧？”

如果我这么说，你觉得如何？

“你眼中所见的这个世界，就是你所拥有的一切。”

如果我这么说，你会感觉愤怒、悲伤、喜悦，或是有其他感受吗？

你之所以成为真正的自己，关键永远都在这里。

因为你随时都在看、在听、在说着一直以来累积的东西（记忆）。

不论是怎样的存在，都具备了必要的独特才能

用餐时的博士看起来比平常更自在，也更沉稳。

我偷偷观察后发现，博士坐下前的一瞬间会先站住不动，看看椅子再慢慢地坐下。这些动作都在非常短的时间内结束，不会影响到身边人的节奏，但我经常看这一连串动作看到忘我。

餐点上桌之前，博士会不经意地看着眼前的银质叉子、汤匙等餐具。餐点送到之后、开动之前，他也会以温和的眼神看向餐点、餐盘及后方的某些东西。

不管到哪一种餐厅用餐，他当然也都会用双眼看着餐厅里的人、带位的服务生、上菜的服务生，对他们说声“谢谢你”。

博士的每一个动作都非常仔细，我甚至不曾见过他乱了一点流程。不管饭后有多么紧凑的行程等着他，用餐时的博士总是维持着相同的节奏，安排好的行程也不曾迟到。

某次大家一起用餐时，只有我点的菜迟迟没送上来。我担心会耽误接下来的行程，所以想要取消，请服务生不用再上，却被博士制止了。

你是否清理了这家餐厅？是否清理了餐具、水和现在坐的这张椅子？

当时我满脑子只想着下一个行程，完全忘了这些事情。所以我连忙不断地对餐厅的名字、现在自己眼前的一切事物还有自身的焦虑说“谢谢你，我爱你”。结果，迟迟不来的餐点马上就送到了，我不禁说：“简直跟魔法一样神奇！”大家听到后都笑了。博士接着告诉我：

这是因为宇宙中的所有存在都很喜欢听到“我爱你”这句话，但这样的爱必须是没有理由的。所有存在都希望受到祝福，就像你希望受到祝福一样。

一直以来，我都很习惯于“我爱你，因为你好好吃”“我爱你，因为你好方便”这样的说法，所以博士的话让我非常惊讶。

课程中若有学员说他很难诚心地说出这四句话，博士总会告诉他们“不完全需要诚心”。

当时我非常认同博士的说法。如果勉强自己一定要诚心说出这些话，我一定会接着想到“那是因为……”所谓的清理就是要拆掉个别记忆的栅栏，回到原本自由的状态。所以我才会为了清理而说出“我爱你”，当然这并不是为了成为更好的人而这么说。对我的内在小孩来说，这些期待和意志是很沉重的行李。

以“我爱你，因为……”连接的关系通常都伴随着痛苦。我们是因为某些理由而希望被爱，还是想要待在无限宽广的原来的爱身边？

因为某些理由而被爱虽然令人高兴，却很痛苦。我曾经有过这种痛苦的体验。

即使没有人要求，所有存在也都会连接到无限的爱。即使不特别诚心，只要说出“我爱你”就可以开始进行清理。我们就只是回到本来的状态就好。这和以期待或执着来传达爱是完全不同的。因为在本来的状态中，你至少可以认可对方的存在。当你可以自然地想起“谢谢你在这里”时，接下来就该找回“自己”了。

我一边品尝料理，一边继续进行清理。博士对我说：

任何存在都具备完美的才能，任何存在都具备可以在这个宇宙发挥的绝佳才华。只要你进行清理并回到零的状态，和你相关的所有存在就都能取回他们的才华，取回原本的平衡，并进而发生比你用大脑思考产生的行程或计划更棒的事情。

和博士在一起的时候，经常感觉事情会在没有拘束感的空间里顺利进行。连当时所需要的时间、人事物都会一应俱全。本来觉得处处刁难自己的人，会在这一瞬间突然提出很棒的想法，或是本来觉得舒适度不够的饭店会提供超乎想象的舒适和安心感。

我刚开始跟在莫娜身边学习时，某天她用餐的叉子掉到了地上。我连忙想要叫来服务生帮她换一副新的餐具。但我只见她默默地捡起叉子，放在嘴边亲吻了一下。我吓了一跳，只是静静地在一旁看着，她什么也没说就开始吃饭。接着，她看着叉子，用几乎听不见的声音说："这是一个再次出现在我人生中、带给我清理机会的、最珍贵的存在哟。"当时我虽认为她奇怪，却感受到她为万物所爱。

这就是当时我从博士身上看见的。

我看见了博士身边的许多事物因为终于获得了认可而感到开心不已。仿佛是博士的安静和优雅，使这些无声的存在获得重生而变得闪闪发亮。

因为只要和博士在一起，很多我平常经过时不会多看一眼的道路、擦身而过的人、默默送进口的食物、餐厅里摆放的不起眼的胡椒罐和盐罐，都会清楚地映入眼帘，自己甚至也会被其独特性所吸引，并忍不住感谢他们的存在。

最重要的是，当我待在博士身边时，所有事情都会按部就班，而不会像无头苍蝇一样手忙脚乱。就算只是静静地在一旁，不需要每件事都说很大声来引人注意，也能让对方感受到我的存在感，让人觉得安心极了。

被人忽略的感觉是很差的。被人忽略时，完全不知道自己该何去何从。不知道是否应该多说些话强调自己的存在，还是干脆躲起来算了，所以会变得不知所措，最后错误百出。

不管是对其他事物或自己的内在小孩，我突然发现自己曾经的所作所为和“忽略”没什么两样。而我也知道，如果继续忽略和自己相关的事物或自己的内在小孩，最后将完全失去自己的容身之处。

即使不开口说出“我爱你”这三个字也没关系，只要在心里这么念就可以，甚至只是想象自己的双眼正在阅读这三个字也可以。

我并非感受到爱，而是爱本来就存在我心中。我只是念出“I Love You ”“我爱你”，并将开关打开。为每个瞬间里一一出现的体验打开开关。这么一来，就能找回我和我的内在小孩，以及内在小孩显示给我看见的各种存在之间的连接，所有存在也就能找回正确的场所和时间之间的平衡。

某些才华只有你拥有，就算你现在不知道是什么，也不需要着急，更不需要特别抓住它。只要清理自己现在眼前所见，慢慢找回就可以了。然后你就会发现一个拥有独特才能的自己，让你不能不爱自己。

说完之后，博士唱起了他最喜欢的一首歌（*Only You*）。

虽然我现在还看不见，也感觉不到这项除了自己任何人都没有的才华是什么，但我可以借由清理打开这个开关。就算我不停地将开关打开，还是有更多打开开关的机会出现！

◎修·蓝博士的自我清理话语

清理之后，产生的是信赖关系。

荷欧波诺波诺是一个方法，能在目前这个瞬间治愈自己过去因犯错和使自己灵魂受伤而产生的疼痛，改写这种悲剧，并回到原来的纯真状态。

借由目前发生在眼前的事物，重新找回自己。

这么一来，信赖关系就会将我内在的三个自我连接在一起。

不管发生任何事，我们都能找回这个瞬间。

只有在这个瞬间里，我们才能和一切有所连接。

不管喜悦或悲伤，全都在自己的内在

某年博士拜访日本时，我们一起去了明治神宫的菖蒲园。

各种不同种类的菖蒲绽放着紫色的光芒，挺立于水池中。我们尽可能放慢脚步，静静地绕着水池走。因为菖蒲在那个季节盛开，池边到处挤满了赏花的人。

我们在原地等了一下，让刚才就排在我们后面的一排人先走。这时，我看见队伍中有一个老婆婆。她的背驼得非常严重，身材十分娇小，很努力地跟着队伍移动。接着，我听见跟在她后面的两个大婶之间的对话。

"好讨厌哦，你看她的背弯成那样，真的很难看耶。"

"这样根本就只能看见地面吧，真不知道她来做什么的。"

那一瞬间我心口马上涌现出很不舒服的感觉，希望老婆婆没有听到这些话。为什么这两个人要说这些令人不舒服的话呢？那一瞬间，我觉得非常难过又愤怒。

结果博士突然间问我：

你现在体验到什么？

博士是听不懂日文的，也应该听不见那两个人之间的对话才对。是不是我太情绪化、全身散发出了愤怒的气息呢？于是我老实地把自己的感受告诉博士。

我把自己所见、所闻、心里所想的，全部老老实实地告诉博士。我觉得自己似乎变得非常激动，一边说的同时还一边想着，我所感觉到的应该是一般人理所当然会感觉到的情绪吧？这也是多数人很理所当然会有的感觉吧。

当时我产生了一种很想马上擦拭干净的屈辱感。和博士说话时，我的脸上应该也经常会出现这种打从心底涌起的想法。

但博士只是很严肃且一脸认真地继续对我说：

你怎么知道嘲笑别人的人是否真的比较幸福呢？你

又怎么知道低头流着眼泪的人真的沉浸于悲伤之中呢？

首先，我希望你了解，所有一切都是你所见、所听闻的。如果你在外在看见了苦难，听见了悲伤，这些悲伤其实是在你内在的。

你看那边的树，觉得那棵树看起来开心，还是看起来悲伤呢？树是不会流眼泪的，树也不会大声笑，树只是以生命、以自性的状态存在于那里。不管是雨天、晴天，外在发生的事都不是问题，它只是在活出自己的生命。

当你看着那棵树时，不管你觉得它美丽或丑陋，都和这棵树没有关系，那都是你内在发生的事。

这个想法也适用于人，不管你看见的是谁、有着怎样的情感、表现出怎样的反应，都要先清理这些事情。

你可以选择进行清理，而非一直和记忆共处。清理之后，如果有任何情感浮现出来，就再清理。你可以为这件事情负更多责任，因为主角是你自己。

听完后，我突然觉得有点不好意思，因为我总是很容易陷入情感的漩涡。观赏电影或纪录片时，我的情感总是一口气就涌现出来。虽然这并不是坏事，但听了博士的话之后，我觉得自己就像是一个玩疯了，把东西丢得到处都是却不整理的小孩。

这位老婆婆是天使，是伟大的存在所创造出的完美存在。虽然她的背驼得很严重，不管她的视线落在哪里，说不定她已经满足于平静之中。

你觉得清理自己心中所见，能带给多少人自由呢？别忘记，你正负担着非常大的责任哟。

我可以用清理的方式来守护树木，而不是用锯子将树枝修剪成我所希望它具有的形状，不必为了使它长得更加笔直而加上支撑木椿，也不会为了调节温度而将其放入温室。但是我会进行清理，为了使这棵树能尽情展现自己的生命，为了使我能继续欣赏这棵树与其生命，我将继续进行清理。

或许路过的人会说："这棵树长得好奇怪哦"，或许过长的树枝会勾到我的手，或许过了很久之后，这棵树再也无法开出美丽的花朵、长出果实。

这时，我的心中应该会出现羞耻、悲伤或愤怒等情感吧。诚如博士所言，所有一切都来自我的内心。所以我必须自己清理自己丢出来的这些情绪，对每一个情绪说"谢谢你，我爱你"。

这么做之后，即使一切都只是自己的想象，却也从这棵树和我之间找出了许多沉重的想法，而我自己也能通过清理这些沉重的想法而恢复平静的心情。就是这样，我的内在小孩非常希望获得自由，因为"平静由我开始"。

与此同时，我发现了一件事。在两个大婶嘲笑驼背的老奶奶之前，其实我已经在心里对老奶奶投射出这样的言语"背驼得这么严重，真可怜"。

在这个世界上，唯一有责任清理我所感受、我所见的，就是我自己。大婶们说出来的这几句话，或许就是为了让我发现这件事。

最后博士告诉我：

当然有时候也是需要行动的。那个行动就是当你心中涌现了对出现在眼前的事物的某些情绪，就进行清理。

清理之后，就会在那一瞬间了解自己该怎么做了。接下来就看你能不能诚实地表现出来。

如果不着调该怎么做，就再进行清理。清理完之后行动，然后再清理，就是这样不断重复。不管任何时候、看见了什么，我都希望你能重新回来清理。

为了做真正的自己，内在小孩的协助是不可或缺的。因为内在小孩非常认真地在观察你是否真正诚实。

◎ 修·蓝博士的自我清理话语

你的痛苦，并不只是你自己的。

就连时间、土地、动物、植物、人和空气，

也都在时间洪流里体验了痛苦。

若你正打算放下这些痛苦，

不但是为了你自己，

也能使你身边的人从痛苦中解放。

别想要变成任何人，希望你就是你自己

和博士在一起的时候，一定会听到这句话……

这对我来说很难，因为其实我一直都希望自己变成某个人。我常会有这样的念头：因为我从事的是这样的工作、因为我是日本人、因为我是女人、因为我的年龄、因为我有这样的经验等。不知从何时开始，我开始一个人玩着这样的游戏。

有次博士在某个国家的大学进行演讲。居中联络、协调的工作人员说："今天来了很多政治人物和大学教授。"听完这个介绍，我有点紧张。

每次和人见面之前，博士都会先问好对方的全名，并尽可能问到出生年月日、职业和见面的地点，直到见面当天还持续进行清理。找出自己由这些信息中所浮现的情感，也就是与对方有关的记忆，并进行清理。博士非常重视这个部分。当时也是如此做的。我也不断尽可能地清理自己已经获得的讯息。

多亏了清理，那天的演讲进行得非常顺利。演讲结束后，我们和工作人员、教授和政治人物一起进行茶叙，度过了融洽的时光。

但在返回饭店的路上，博士却告诉我：

今天辛苦你了。我想告诉你，别想要变成任何人。我希望你就是你。只要你心里想要变成某个人，就会失去每一个可以放手的机会。

听了这番话，一整天的紧张在一瞬间突然获得了舒缓，这时我才发现自己因为精神紧绷而全身僵硬。我并没有生气，却觉得全身的血液都冲到了头顶。

这么做或许需要勇气，不过当你承诺要成为自己的时候，你看见的东西才是你现在应该正视的。这就是我们应该努力的方向。

光芒随时都照耀着我们，不会消失。爱没有起点，也没有终点，爱在不间断地涌出。所以，不要等到未来某一天，我希望你现在就做自己。只有你能开始清理。只有你，才能掀开遮蔽光线的盖子。

在光线照射下，第一眼看见的或许是垃圾。那是我们应该放手的问题，它们一直在等着被我们发现。

你最大的才华，就是身为“真正的自己”。所有的存在都已具备自己应有的才华。当你发现自己的才华时，在你身边的每一个原子和分子才会发现各自的才华。

当我凭借记忆说话时，对方当然也是以记忆之耳聆听。当我凭借记忆来装扮自己时，对方所看见的当然也是记忆。

就算不当好孩子也没关系。为了让你能做自己，所以我才希望你清理现在这个自己，这是你今天最重要的任务。

我这些话不是为了你而说的，因为如果你不是你，我也可能失去自己。如果你不是你，那些在演讲中原本我应该能接受的存在，可能会变成令我无法接受的存在。

如果你不是你，这样的历史也会剥夺你将来的孩子们和所有存在可以做“自己”的空间和机会。

因为我是女人、因为我的年龄、因为我有这样的家人、因为我受过这样的教育、因为我从事这样的职业……

同样的，在认识荷欧波诺波诺之后，我又多了一个“持续进行清理的我”的身份。当我透过荷欧波诺波诺和其他人见面时，又多了一个想要成为“正在进行清理的我”的自己。

夏威夷人知道每种植物都具备不同的才华。

他们知道即使长满尖刺、发出臭味，甚至是长出有毒果实的植物，都具备了无可取代的灵魂。

闻了这种臭味让人有精神，因为有毒让我们远离虫害，正因为这些神圣的存在超乎我们的理解，所以我们对这个存在祈祷。任何存在都是我们和神性智慧对话的中介。

不只是植物，每个人也都具备了自己的才华和个性。只要发现这点，就会发现这个奇迹般的法则，那就是：你能做真正的你，而我也能做真正的我。

◎ 修·蓝博士的自我清理话语

你总是为了变成某人而努力，结果却精疲力竭。

但只要你进行清理，并回归零的状态，

就能借由灵感，让伟大存在通过你表现出来。

每个人都中了“思考”的毒。

这个时候，伟大存在应该会对你说：

“嗨！你的内在小孩从刚才起就一直在对你说话呦！”

只要进行清理，就算只有一次，我就能再一次获得生命

接触荷欧波诺波诺之后，我多次造访夏威夷，在那里认识了许多已经花了很长时间学习清理的人，就如同早年跟在莫娜身边学习的博士一样，有些人甚至比博士学习荷欧波诺波诺的时间更久。

虽然每个人的年龄、职业和居住的地方都不相同，但每个人实践清理的时间都长达数十年。即使和他们在路上擦肩而过，也不会有人发现他们实践荷欧波诺波诺长达数十年。

不过，对我来说，他们都是在自己的世界里，经年累月透过荷欧波诺波诺对自己负责的人，都是非常了不起的人。

有位住在美国南部的老奶奶，拿出她那正在读小学的可爱的孙子的照片给我看。

还有一个夏威夷原住民，是一位古代夏威夷王朝流传下

来的戏剧的传承人，随时看起来都精神抖擞。一位任职于硅谷的男性工程师，他是一名拉丁裔美国人，也是虔诚的基督徒。KR 女士则是任何时候见面，都会笑着对我说："嗨！"一对慈祥的夫妇住在名为"凯鲁瓦"的安静的住宅区，他们告诉我"是内在小孩将浪漫带给我们"。他们每天都带着如阳光般的笑容，担任着沟通义工的角色。

其他还有美军的女性心理咨询师、律师等做各种职业的人。某天，有位在夏威夷岛经营咖啡豆农场的老伯伯对我说："这棵树是几年前博士和我一起种的哦。"这棵树虽然比其他树更小，却长出了鲜红、闪耀的咖啡豆。他请我咬了一口，非常甘甜。

和这些人一边聊天一边度过温暖的时光，对我来说是非常珍贵的。不可思议的是，虽然这些人的年龄、国籍都不一样，却不会让我过度紧张。如果说人和人之间存在着框架的话，那么我们之间就像是去除了那个框架一样，我经常透过这些人，重新发现自由的自己。

通过回想之后才发现，这些人在对话中都说过这句话：

“如果当初没有实践荷欧波诺波诺，我早就没命了。”

当时，我以为这句话的意思可能是其中有很多年纪大的人，或许也有些人在过去曾经遭遇危险。总而言之，我并没有深思此话。

某天，我在欧胡岛上，一边和博士共进早餐，一边远眺着海洋时，听见博士低声地说了一句话：

如果没有实践荷欧波诺波诺，我早就没命了。

听到博士说出了和其他人相同的话，我马上接着问：

“博士，到底发生了什么事？其实每一个你介绍给我的人也都说过一样的话。大家都说差一点就没命了。到底发生了什么事？”

博士继续说：

只要持续进行清理，就会发现无法做自己、失去自己是多么可怕的一件事。不管是这张桌子、这把椅子或是这片草皮，失去自己的时候，就会没命了。不但不能呼吸，也看不见光、一片漆黑。

我觉得好难过。不知为何听了博士这番话之后，我的心都揪在了一起，感觉好痛。

这时我逐渐发现，失去自己时，也就是三个内在自我四分五裂的时候。当现在存在于此的所有物体都感觉到这一点时，那会是件多么痛苦的事。当不再有光芒照射时，会带来怎样的病痛和伤害呢？

但是，只要进行清理，就能超越所有时间，使已经停滞的事物再次流动。就如莎士比亚所说，是生还是死，这就是问题所在。进行清理或是使其停滞不前，你认为责任在谁？

“是谁的责任？”这个问题就是清理的基础。不管在哪里，问题的原因在于记忆，只要体验到了问题，认清是作为记忆持有者的我所选择的，荷欧波诺波诺才开始进行。

我在夏威夷认识的荷欧波诺波诺实践者，都过着平静的生活，面对人生中出现的问题时，他们都了解这是自己选择的，并坚持这样的立场不曾改变。我好喜欢这些人，每次想起他们，就会感到光明，仿佛所有光都照耀在我身上。

某次，我在欧胡岛和一对夫妇见面，他们是博士的多年好友。谈话中，太太告诉我说：

“我真的很庆幸出生在这个时代。”

或许是因为身处于和平盛世之中而不知感恩，我从来不曾真心思考过这个问题。反而希望自己生长在不过度开发的大自然中，也曾想过如果生活在经济状况更好的时代或许自己才会更开心。尤其是看到令人难过的新闻时，甚至会想，这个世界好恐怖喔。

于是我问这位太太：“为什么你会这么想呢？”

她的先生回答我说：

“时间是人类创造出来的概念，而时间本身和我们一样具有记忆。就像现在这样，我有意识地在这里进行清理，就算只有一次，我就会重新获得生命。不论谁说了什么话，这唯一的一次清理，跨越了所有的时光，使过去发生的所有悲伤与罪恶都在这个瞬间获得疗愈与修正，使我的灵魂重新沐浴在光中。这就是我的感受。”

我到现在都还记得他们夫妇两人优雅而沉稳的眼神和真挚的神情，从他们身上，我学习到对每天至少清理一次的自己心存感激。

这些人每隔几年都会举行聚会，我很幸运地曾经获邀参加其中一次。

本来我以为那会是一场很严肃的会议，后来才发现是一个在 KR 女士家举行的家庭式聚会。大家各带一道料理或水果来分享，就只是这样的聚会。

和这些为人和善的朋友们一起享受美食，让我感觉心情非常轻松。

聚会中，我在寻找修·蓝博士的身影，才发现原来他在KR女士最引以为傲的纯白色大水槽前洗碗，旁边有位女律师动作利落而仔细地帮忙把盘子擦干。我是在场最年轻、辈分最低的，却什么忙也没有帮，觉得很不好意思，于是便说："我来帮忙吧！"博士听了之后，脸上堆满笑容，开心地对我说："现在我正在清理中，可以不要抢我的工作吗？"

听了这句话，我有种不可思议的感觉。放眼四周，虽然每个人的年龄和外貌都不尽相同，却都神情自然地找到了自己在这个场合里该做的事。有人将吃不完的食物打包装进保鲜盒里，有人和久违的朋友拥抱问候，也有老先生在院子里陪KR女士的爱犬玩耍。

看到这样的景象，我心想："多么幸福的景象啊，但是我不知道自己能做什么，怎么办？"于是便进行清理。这时突然有人戳了戳我的背，原来是KR女士的孙子来找我陪他们一起玩，手上还拿着颜色奇特的软泥玩具。不知道为什么，我突然好开心，和小朋友玩到几乎忘了时间。

并没有人特别提起荷欧波诺波诺，这些人所实践的荷欧波诺波诺就是“荷欧波诺波诺大我意识疗法”。不管任何时候，都能在自己心中独自开始。

因为这些人都非常了解这件事，因此每个人在这个瞬间都默默地清理着自己、这个房子、在场的每个人和每一件发生的事，并将这当作自己的责任。让我强烈感觉到“这里就是这样的一个地方”。这种感觉很美、很自由、平等而非常舒适，是一个能让我体验平静的地方。

我因此感动不已，只是静静地眺望着这片光景。

修·蓝博士不知何时悄悄地出现在我身边，对我说：

发生自杀事件的地方，都有着绝望。而这个绝望的种子，存在于每个家庭中，也存在我心里。没有任何一件事情是发生在外面的。如果不能放手、自己体验爱，这个地球就无法感受到爱。

台风的中心点总是非常平静，荷欧波诺波诺也都是发生于此。首先，必须让自己的内心处于平静。

不过，荷欧波诺波诺具备了从中心逐渐往外扩展的特性。

我并不知道这些人拥有什么样的家人、度过了怎样的上半生。因为有了和大家认识的机会，刚好有了一些对话，听了一些有趣的事，某个人打翻了饮料之后，大家分工做着自己该做的事。每一件微不足道的事，其根本都在于由“我”开始负起清理的责任，对其他人付出爱，并使这些缘分各自前往该去的地方。

◎ 修·蓝博士的自我清理话语

我们居住的地球，接纳了宇宙间所有麻烦的人物，

让每个麻烦的人物在这里不断进行清理。

在这当中，你会不经意间体验到与神性智慧的连接。

“阿啰哈！”当你在任何事物上看见美，那是你的神性智慧双眼所见。

“阿啰哈！”当你在任何事物上听见美，那是你的神性智慧双耳所闻。

“阿啰哈！”当你在某个时间体验到了自由与丰足之后，你将会透过“真正的自己”，体会到神性智慧伟大的爱。

在遇见的人事物上不留下任何足迹

博士到日本进行课程演讲的某天晚上，他问我："清理的工作做得如何？"

我告诉博士："对于目前人际关系方面的问题，我每天想起时都会进行清理，也会尽量照顾自己的内在小孩。"

博士听了之后说：

> 当你想解决某个问题时，就会针对每天接触的事物进行清理，但你每天和多少人见面呢？

于是我回想了一下今天一整天所见过、联络过、意识到的人和事。

我的同事和他的女儿半夜发烧了，弄得全家人仰马翻；上班途中撞上了迎面而来的人所撑的伞，被对方啧了一声；经常遇见的超市店员；在 skype 上和我聊天的妈妈；和忙碌的弟弟一直没有联络而感叹不已；中午用餐的餐厅员工看起来很没有耐性；收到了爸爸寄来的邮件，信中提及爸爸与奶奶都过得很好，但我担心他们是否真的都很健康。

在网上读了喜欢的艺人的博客；在电视上看到地震灾民的新闻，也看到了在这些事件中受批评的政治人物；整理照片时发现高中时代的照片，想起了将近十年不见的同学们，不知道大家好不好；朋友传来一封关于他交了新女友的邮件，不知道是个怎样的女孩。

这么想了一下，才发现今天一整天我曾经交谈过的人有这么多，再加上和这些人相关的那些自然而然出现在我脑子里的人、想起的人，一天 24 小时里我居然和这么多人有交集！

博士对我说：

一天之中，你搭的电车、去过的商店、眼前所见

的事物、吃进口中的食物、触摸过的物品、邮件、衣服等，有好多东西啊！

早上的电车非常拥挤，让我很后悔穿了这么厚重的衣服。

某个电车广告让我有不愉快的感觉。进办公室之后发现通风不好，让我觉得不舒服。偏偏今天收到的英文信都很难回复，所以工作迟迟没有进展。

今天去吃午餐的店虽然很好吃，但是出菜很慢，让我吃得很急。给我的汤似乎也比平常少。

工作结束之后到书店逛逛，却因为找不到想要的书而失望透了。虽然找到了好看的摄影集，但是因为价格很贵，所以决定再考虑一下。回家时路上好多脚踏车，有好几次差点被撞到了。

以前我住处附近很漂亮，但是最近很多人乱丢垃圾，乌鸦似乎也变多了。不知道是土质不好还是浇水量不够，种在盆栽里的植物看起来奄奄一息的……

在短短的一天之内，我去了好多地方、做了好多事。

对于和自己相关的每一个人事物或地方，自己有了怎样的反应，你是否都进行清理了呢？

听到博士这么问，我回想了一下。搭电车之前、早上打开电脑之前、吃午餐之前、打开电视之前、面对受灾地、面对我的家以及面对没耐性的店员时，我应该都确实进行了清理。不过对于自己的反应和各种信息，我是否也都仔细进行清理了呢？

每天结束之前，如果你没有确实对每件事进行清理，内在小孩就会无法呼吸。

假设你去过的地方、接触过的事物、想起的人，每个存在都以不同颜色的线缠绕着你的内在小孩。在你去的每个地方，你的内在小孩就会以这些线和每个人事物连接在一起。

如果你不进行清理，这些线就不会断。进行清理之前，内在小孩会一直握着这些线。线越来越多，慢慢就会缠住内在小孩。被数亿条线缠住的内在小孩完全动弹不得，你的内在小孩每天都处于这样的状态，而这个内在小孩就是你自己。

博士继续说：

内在小孩就在各种不同颜色的线层层缠绕的状态下，看着、说着、听着各种事物。我们平常都是用记忆在看、在听、在说，没有真正看到事物本质，所以要进行清理。借由清理，将这些线一条一条剪断。我们将这些线称为“阿卡丝连”（AKA CORDS）。

★“阿卡丝连”类似中文所说的缘分。和你连接的人事物以及地点，借由思想有所连接。阿卡丝连也会带来束缚和想法。

我回想了一下今天一整天自己去过哪些地方，在这些地方产生了怎样的想法和情感。虽然我看不见内在小孩，但听了博士的话后，我才知道这些自己认为理所当然的行为，使内在小孩受到了阿卡丝连多么大的束缚，于是我衷心地说出“对不起，请原谅”。

我的心中自然涌现了这样的想法：“内在小孩，我一直无视于你的存在，对不起。”“我希望变得自由，听见我所听、看见我所看。”

而且只要一天不进行清理，面对土地和人事物时，我们也会不断地将线缠上去。在本来全新、空无一物的状态中，留下各种足迹，将所有事物混杂在一起。这么一来，就会使土地和各种人事物变得一片荒芜，失去了原本的自由。这是一种虐待，迷失了真正的自己。

我不知道过去发生了什么事情，但现在这个瞬间我再次体验到这些，有了重新获得自由的机会。和这片土地从阿卡丝连这些线中获得解放和自由的那一刻，我们才能真正找回原本的连接。不管是土地、人或是各种存在都是如此。

就算是以后不再见面的人或从没走过的路，如果我不进行清理，就无法获得真正的结束。或许我就会在这种半吊子的连接中漫无目的地度过每一天，同时使内在小孩承受痛苦。

我们总是忙着到处留下足迹，却忘记真正最重要的工作。

家、朋友、家人、情人、工作、电车、汽车……希望大家觉得自己很棒、悲伤、痛苦、丑陋、喋喋不休、老旧……让自己记忆的重播——也就是情感——留下足迹，遮住了原本最完美状态的，都是我们自己。

听说美国原住民总是非常注意不在生活的地方、造访的地方留下自己的足迹。所以据说他们既不盖教会，也不盖寺庙。

对于某人或某地感觉不愉快时，就进行清理。

对于某人或某地感觉依恋时，就进行清理。

不管好事或坏事，在这一个瞬间里，内在小孩好不容易拉出的线是给我自由的机会，我用荷欧波诺波诺来将线切断。“谢谢你让我看见”。

我想起自己读高中前住过的东京公寓。因为已经搬离那里超过十年了，原本我已经忘记这间房子的存在。我们一家人在那间公寓里不知吵过多少架、彼此伤害过多少次，还流过多少泪。“好想快点逃离这个家。”那段时间我不知道在心里对这间公寓说过多少次这样的话。

我又想起高二那年有九个月时间住在叶山的事。那是我和妈妈、弟弟第一次三个人一起生活、第一次转学。妈妈每天往返于叶山和东京，她在东京上班，晚上带着疲惫的身躯在阳台上眺望那片黑漆漆的大海时，不知道是怎样的心情。当时的我只能担心而不安地看着妈妈的背影。虽然这段时间并不长，却留下许多回忆，要搬回东京时，我非常不愿意。一直到最后一刻，我还哭着对妈妈说想继续住在这里，但是愿望没有实现，记得我当时真是带着深深的遗憾非常孤单地搬回东京的。

这些一直被我遗忘的家，我住在那里体验到了许多悲伤、感动、喜悦、兴奋、愤怒与不安。另外，我应该也是在这段时间内经历初恋的。这些地方也发生过许多和金钱有关的麻烦事。这些房子也都体验到了。

虽然我的生活方式和居住的房子已经和以前完全不同，不过在我心中所有的事情都是以从前的状态存在着。在我忘记这些房子时，房子应该也被我抛出的线紧紧缠绕着吧。

于是我一一进行清理，只要一想起就马上清理。同时也清理现在居住的房子，我想应该和很久以前都有所连接吧。但我不需要回想，因为我现在这样与它相遇，就重新得到了清理的机会。

我在心里回想着以前住过的房子的每一个角落，也想起了许多一直到现在仍然无法忘记的伤心回忆。于是我清理了公寓的名称、住址、电话号码和所有自己能想起的事情。

我不知道清理之后发生了什么事情，不过博士告诉我，不知道也没有关系。接着我由衷感谢以前住过的房子和借由清理所体验到的事物，告别过去那种没有出口、沉溺于过去的阴郁和痛苦。

透过荷欧波诺波诺的方法，我重新有机会回到原本去过的场所。

你心中的内在小孩一直在等你进行清理、切断缠绕在他身上的线。他一直等着你将几亿年来留下的足迹清理掉，和你一起与灵感连结。

◎ 修·蓝博士的自我清理话语

当你感觉痛苦，已经无法重新振作，

当你觉得自己已经变成空壳，什么事都做不了，

当你感觉孤独，

即使是这些时候，你也并非孤单一人。

你的油箱并非空荡荡的，而是加满了油。

你的潜意识里存在着无数的记忆。

哪怕是看一颗石头，内在小孩都会让我们看见许多讯息。

就连你感觉“实在太痛苦了，我真的无能为力”的时候，

都是内在小孩在对我们说“你看，这就是放手的机会”。

不论任何时刻，你的心灵都不曾休息。

真正的敌人是“思考”。

对你来说，那是一种毒。

我们每个人都中了“思考”的毒。

地球是个康复中心，

给我们重新开始的机会。

不管是痛苦、怨恨、期待、绝望，或某个人、某件事所创造出来的事物，都不是任何人可以任意带走的。

即使是感觉孤单的那一瞬间，

内在小孩都会让你看见存在于你之内的几亿个存在，

和历史所留下的无数个片段。

如果你感觉痛苦，不需要挣扎着爬起来。

只要躺在原地，闭上眼睛对他说话。

即使并非诚心也无妨。

对不起。

请原谅。

谢谢你。

我爱你。

开口之前，先暂停片刻并进行清理

小时候我总是羡慕他人，心想“要是我有这样的家人该有多好”“好想住这样的房子”“好想念那样的学校”“好想要那样的宠物”。每当我看见任何人，总能马上找出他们身上令我羡慕的地方。

不知从什么时候开始，就常会听到许多人说“羡慕别人是最丢脸的事”。就算羡慕别人确实有点悲伤，但为什么有人要说出这么坏心眼的话呢？于是我更会在暗地里偷偷羡慕别人。

不过，听了博士的话之后，我的想法就慢慢改变了。

有阵子，一本周刊杂志曾经介绍过某个艺人的私生活，于是这件事在社会上引起了一阵骚动。听到这个新闻时我和博士一起在车上，我不经意脱口说出自己好羡慕他。报道中那个艺人交往的对象真是让人羡慕，而且他们过着人人羡慕的生活，随时都露出灿烂的笑容。博士对我说：

没有人知道这个艺人私底下正发生什么事，只有你的内在小孩知道。

话虽如此，但那样的生活真的很棒，大家一定都会羡慕的啊。我当时对博士所说的话半信半疑。

你知道吗？羡慕别人的想法其实就像一条线，将那个人的意识、自己的意识连接在一起。没有人知道那个人是否真正幸福地过着那样的生活。人都只愿意看见有形的表征。让你看见真正事实的，是你的内在小孩。外面总有很多人的意识，并且密切地互相吸引，过度关注的结果会使你失去了自由。

听到后来，想到自己无意间羡慕别人的想法和我们看不见的地方所发生的事，突然觉得很可怕。博士继续说：

不论如何，这并不只是对他人的羡慕，而是你的内在小孩以前就有的记忆，只是通过现在这样的形态让你看见。如果你一直忽略这样的讯号，就会一直失去自己，看不见真正的自己。

听了博士这番话之后，每当我感觉自己又在羡慕别人时，就会马上进行清理。因为羡慕别人不是丢脸的事，而是为了找回自己。

某天我和一个年纪比我小、长得非常美的女孩一起喝茶。聊了很多之后，她对我说：

“以前的我很讨厌照镜子，甚至到了一照就想死的程度。走在路上时总是低着头，以免和别人进行眼神交流。我太在乎自己的外表了，总是希望时间快点过去。”

听到这些话，我在惊讶的同时，也感觉很悲伤。这个女孩这么美又这么有才华，为什么会这样想呢？这时我马上想起博士说过“只有我的内在小孩知道现在正在发生什么事”。

于是我一边听朋友说话，一边进行清理。清理的时候我想起自己在一几岁时发生过和外表相关的悲惨回忆，并清理了和别人比较的痛苦、羞耻等情绪。和这个朋友分开之后，我就持续进行清理。

当心旦的痛苦越来越淡之后，我又有了和她见面的机会。她已经恢复原本开朗而健康的笑容，好像不曾发生任何事。

这时我非常清楚地知道，“羡慕别人”就是内在小孩为了让我们清理自己的回忆而让我们产生的感觉。

我们无能为力。不管是我或是任何人，或是任何事物，都会受到很久以前塞满我们内在的重播的记忆的刺激。从自己口中说出来的话，真的是你所说的话吗？还是记忆借由你的嘴巴说出来的呢？要怎样才能知道？

我们所体验的，都是内在小孩让我们看见的。动机也是内在小孩让我们看见的。记忆不只是负面的，所有刺激你的都是重播的记忆。我们随时都徜徉在记忆的海洋之中。不论面临怎样的海浪（记忆），我觉得最聪明的就是和内在小孩一起游泳。

不管是平稳的海浪，或是惊涛骇浪。好的、不好的事，都是重播的记忆。

只要进行清理，就不会被海浪吞噬。真正的自己和纯真的灵魂所追求的，就是在最平凡的时候可以看见的光。当这道光线照到你的时候，你就能找回自性，活出真正的生命。

但我还是会追求成功、健康和富裕，这是不可避免的。我有时候会因为过度追求而感到痛苦，有时候过度追求又会成为我努力的动力。

但这也是没办法的，这些都是已经发生的事。这些已经存在于我脑中的记忆，都是从很久很久以前，花了很多时间累积起来的记忆片段。我只能尽可能借由荷欧波诺波诺持续将他们送回原本空无一物之地。

“内在小孩，原来这些记忆已经在我的心中存在这么久了。谢谢你让我看见，我们一起进行清理吧。谢谢你，我爱你。让我们一起回到原本零的状态吧。”

虽然这可能会是一段令人一筹莫展的旅程，但在我们踏上旅程的同时，就已经是在找回自己的过程里了。你将会发现自己被喜爱的事物包围，放眼望去，全部都像小时候以满满的爱为我带路的东西一样。

不只是人，就连物品或植物、工作、手机、食物等，都会在背后轻轻推着我们走向光明的一边，对我们说：“要走这边喔。”

不妨试着闭上嘴，看看这么做之后，整个世界会变得多安静。就算自己闭上嘴，四周还是一样嘈杂吗？这些全部都是记忆的声音。

◎ 修·蓝博士的自我清理话语

尝试每天从“我什么都不知道”开始。

因为爱就是自由。

请爱上你的名字。

这个一直以来被你遗忘的存在，获得了爱将会非常快乐。

不管你在哪里，

一切都是你的孩子，你就是一切的父母亲。

在这片记忆的辽阔海洋中所遇见的所有事物都在对你说话。

问题究竟在哪里？

你究竟是什么人？

监修者后记

来自修·蓝博士的讯息

我学习荷欧波诺波诺大我意识疗法多年来的导师莫娜，在生前曾经这么告诉我：

“荷欧波诺波诺并不是一种信仰，它是通过在每一个瞬间不断体验而来的。”

对我和各位读者来说，每个人的荷欧波诺波诺都必须经过实践之后才会开始产生作用，它是让我们想起自己的存在的语言。

清理比思考更重要，清理比相信更重要。差别只在于进行清理，还是不进行清理。就只是这样而已。

差别只在于苦苦于外在追求产生问题的原因，还是每天借由清理反省自己，从自己的内在找回平静，就只是这样而已。

我是为了再一次进行清理而诞生于这个世界的。现在我所做的一切、所遇到的人（当然也包含这本书的读者）、所见和所听的信息，都是为了让我清理过去累积的记忆，并学会放手而出现的伟大存在。

当我发现了这一点，问题就不再是问题，而是神性智慧为了让我找回“我”这个存在而准备的宝贵机会。也就是说，我现在正在体验“阿啰哈”（现在的我正在神性智慧的面前）。

我持续进行清理时，有时会在脑子里试着想理解荷欧波诺波诺，有时太在意结果，就会听到某处传来这个声音：

“你只要照顾好内在小孩就可以了，其他的交给我。”

神性智慧所做的一切不是我所能掌握的，我能做的就是清理。

请各位不要失去自己的光辉。透过每天的体验，就算是讶异或悲伤，也不要忘记从这一瞬间起，你可以自己解决问题。

若你可以做自己，将会给这个世界带来多少喜悦呀。这是你和内在小孩共同带来的。

谢谢大家读完这本书，由衷希望你的家人、亲人、祖先们都能获得超越理解的平静。

大我的平静

伊贺列卡拉·修·蓝博士

后记一

回到零的状态

感谢所有在此书出版过程中给予我帮助的人。

修·蓝博士，感谢您总能在百忙之中驻足聆听我的唠叨，感激不尽。

在本书的出版过程中，通过清理不断给予我支持的KR女士以及事务所的各位，谢谢你们。当然，还有将“阿啰哈”的气息带到这本书中的摄影师潮千　先生，在马诺的雨后拍下了艳丽的粉红色扶桑花如此美丽的风景，谢谢。还要感谢Sunmark出版社的铃木七冲先生，一直用心地对本书负责。还有通过荷欧波诺波诺大我意识疗法结识的，身在大陆的中国青年出版社的诸位，在此衷心表示感谢。

在此无法尽列所有的人名，但我爱极了亲朋好友、协助我进行文字录入的电脑、给我空间的咖啡馆、桌子、椅子，等等。

本书没有完全详尽地对荷欧波诺波诺大我意识疗法进行解释说明。但是，我希望这本书能够传达给大家的是：不管在何种境况之下，即使现在的自己并不是曾经理想中的自己，都可以随时开始清理，回到零的状态，都可以的哦。这也是博士严厉又温暖的提醒。

如同文中所述，荷欧波诺波诺拥有一种奇妙的特质，那就是不问年龄、场所，不管任何人在任何地方都能够马上进行。（例如，坐飞机的时候、被父母严厉斥责的时候、徘徊在涉谷的十字路口的茫茫人海之中时。不管身在任何地方，都可以随时开始！）

话虽如此，但惭愧的是，某些时候（本书写作过程中）我会完全忘记清理自己的脑海。但是，只要一旦想起，我就能马上进入到自我清理之中。让"真正的自己"每天都牢记着，要珍惜自己从这个世界得到的一切东西。

当我通过清理，隐藏在自我深处的潜意识部分能够感受到宽容时，我仿佛初次睁开眼睛看着这个世界一般。那就是在博士的教导下怀着“阿啰哈”心情的我睁开双眼所看到的世界。

我想将至今为止博士教导给我的一切汇集成一本书，于是找博士商谈此事，但当时博士突然静默了，他一动不动，过了一会儿才对我说：

“我看见你带着镶有一颗宝石的项链，发出了有如钻石般的光芒。”

自那之后，我的心灵深处总是携带着一串项链。通过荷欧波诺波诺大我意识疗法的“阿啰哈”与人来往时、与任何东西接触时、自我实践时，都能不可思议地感受到那串钻石项链所闪烁的炫目的光辉。

感谢您阅读到这里。愿存在世间的所有一切都能够散发出“真正的自己”的光辉。

Aloha！

平良爱绫

后记二

在台湾，清理为我带来的大改变

各位台湾读者，阿啰哈！

能在我热爱的台湾出版这本书，我真的由衷感谢。

其实，这本书是在台湾写作完成的。

当我刚开始因荷欧波诺波诺的缘故而在台湾这片土地展开新生活时，曾觉得非常孤独。由于不懂中文，无法与他人沟通，让我失去了自信心，觉得自己在台湾很孤独。

这时，我突然想起了内在小孩的存在。

当然，我原本就已经在实践荷欧波诺波诺，在理智上知道内在小孩的存在，但当我觉得寂寞时，才真正感受到，自己的内在还有另一个自己。

那一瞬间，我才回归荷欧波诺波诺的本质，明白不论是欢喜或悲伤，内在小孩都会展现给我看。

从那以后，对于台湾这片土地、文化、人们、语言、自己的个性、在深爱的日本生活的家人，以及这一刻涌现的心情，我都对其一一加以清理。

当我发现，台湾这片土地给了我机会去清理，我正活在这无可取代的机会之中时，感激之情也油然而生。

之后，台湾给了我难以置信的恩泽：包括安心、安全、丰富的自然资源、人们的温柔，还有全新的我。我原本不是个很有自信的人，虽然采访他人是我的强项，但我却不善于用自己的话来表达。不过，在台湾遇见新的人事物与体验后，我自然而然地想起自己与修·蓝博士交流的事，以及自己的清理生活。

直到现在，我依然不断地在台湾获得新的清理机会。

我在原本的后记中提到，修·蓝博士说看见我带着一条钻石项链。虽然我在写作这本书时，心里也一直戴着它，但在完成这本书后，就像被施了魔法一样，我在台湾竟然获赠真的钻石项链，那是今后将在台湾与我共组家庭的伴侣送给我的。

我的清理旅程现在还在进行，旅途中当然有好事也会有坏事，但荷欧波诺波诺给了我超乎想象的丰盛。一旦自己放下了记忆，与我相关的土地，也将会放下。

正在阅读本书的各位，您现在所体验的一切，全都是内在小孩展现在你面前，让你找回自己、无可取代的机会。请加以清理，让真正的自己闪耀光芒吧！

我由衷地感恩。

我的平静

平良爱绫

日本版后记

修·蓝博士教会我以阿啰哈的双眼看见世界

首先，感谢各位促成了这本书的出版。

修·蓝博士的态度不论何时都非常严谨，总是在重要的时刻里停下脚步和我说话，令我感激不尽。

还要感谢在这本书完成之前，不断借由清理来支持我的KR 女士和公司的所有同仁。

将阿啰哈的气息带进这本书的摄影师潮千穗，非常高兴能借由雨后盛开于马诺（Manoa）的粉红色扶桑花和美丽的照片认识了你。SunMark 出版社的铃木七冲先生，谢谢你平日的付出与照顾。

我无法在此将所有名字写出并一一道谢，不管是我的家人、朋友、为我打字的电脑、让我拥有舒适空间的咖啡馆、桌子、椅子，每一个人事物都那么可爱。

这本书的主题不在于详细介绍如何实践荷欧波诺波诺，而是希望能让所有读者在任何状况下，例如觉得自己没有办法成为自己理想中的样子，就可以收获博士严厉而又温暖的信息，让你知道“随时都可以开始清理，没关系喔”。

书中也提到荷欧波诺波诺并没有年龄、场所的限制，任何人都可以在任何地方立刻开始实行（例如搭飞机的时候、被父母骂得很惨的时候、在涩谷车站前的十字路口被人潮吞没的时候，任何时候都可以实行）。

说来汗颜，我一直到现在（就连写这本书的时候也是）还会忘记要进行清理。但只要一想起这件事，就会马上清理，希望“真正的自己”每天都能好好珍惜从这个世界上获得的每一样东西。

借由清理，当自己内心深处的内在小孩感受到原谅时，我就有了第一次在这个世界中苏醒的感觉。这是博士教会我以“阿啰哈”的双眼所看见的世界。

当我第一次告诉博士想将他对我说过的话集结成一本书的

时候，博士什么也没说。过了一会儿之后，他这么告诉我：

“我看见你带着镶有一颗宝石的项链，发出了如钻石般的光芒。”

从那时候开始，我的心中就一直带着这条项链。透过荷欧波诺波诺的“阿啰哈”和其他人有交集、有接触的时候、体验到自己的时候，我都会感觉这颗石头不可思议地发出了耀眼的光芒。

谢谢各位读完了这本书，希望世界上所存在的每一样东西都能找到“真正的自己”并散发出光芒。

阿啰哈！

我的平静

平良爱绫

案例分享

在荷欧波诺波诺中找回真正的自己

——冯晓琳

在我的生命中，一直有一个很大的问题一直困扰着我，那就是内心的自卑感。它就像一个阴影一样，挥之不去，常常令我陷入自我批判的痛苦中。

我第一次有这种自卑感，是从家乡的镇上来到县城上高中的时候，那时候班上大部分同学都是来自县城的，我觉得自己是从农村来的，所以不敢融入他们。他们时髦的穿着，自信的谈吐，常常让我觉得自己很土、很自卑……

上大学和开始工作后，我开始学会把内心的自卑藏起来，用外在的阳光、热情来伪装自己，可我知道自己并没有拥有真正的自信。很多时候，在同事中，在人多的聚会中，或者在学习课程中，我都觉得自己是最渺小的那个人，我的内心总是在无止尽地播放着批判自己的声音：你怎么这么差劲，你不如他人，他们一定看不起你……我越是这样批判自己，对自己的未来就越充满恐惧。打工的时候，为了赚更多钱，在上海能够生存下去，能让别人看得起自己，我换了一份又一份工作，但我的生活却越来越不快乐，甚至得了很严重的抑郁，开始对生活渐渐失去信心和希望。还记得有一天晚上，我一个人不知不觉来到徐家汇的天桥上，看着来来往往行驶的车辆和五彩缤纷的霓虹灯，眼泪不禁落下，生活的艰辛，对未来的迷茫，内心的自卑都让我痛到极点，也对自己失望到极点，当时好想纵身一跃，但终究还是没有那份勇气。

就在人生最低迷的时候，我遇见了生命中的第一本书——《零极限》。这本书开启了我和荷欧波诺波诺之间不可思议的缘分，也改变了我整个人生。后来我又陆陆续续把市面上所有能买到的零极限书籍，全部买回来，每天废寝忘食地读。

从那时起，我从生命的黑暗中仿佛看到了一丝曙光，我开始学会了真正去正视自己，开始意识到自己这些批判自己的声音，全部都是来自记忆，它不是真的。在书中，修·蓝博士一再强调，我们遇到的所有问题全部都是来自于记忆，而我们可以通过清理，来消除掉这些记忆，让饱受煎熬的心得到自由。我开始通过不断地练习书中分享的清理方法，每一天，当内在那个批判自己的声音再次出现的时候，我就开始在心里默念："对不起，请原谅，谢谢你，我爱你"四句清理话语。突然有一天，我开始为自己拥有生命，来到这个世界而感动的泪流满面，我的内心被无限的感恩充满着……

我开始像零极限系列图书的作者一样，把实践清理融入自己的每一天日常生活中。我最爱零极限的一点，就是它非常简单，没有很深奥的道理，也不需要去要求别人改变或者外在环境改变，而仅仅只要自己开始去清理，我们外在的一切就会发生奇迹般的变化，我知道这就是我所渴望的成长方式。就这样，我开始把清理当作自己每天的日常习惯，到今年刚好满 10 年。在这 10 年中，我收获了很多清理带给我的奇迹，比如我从迷茫的打工者开始走向创业，找到自己热爱的事业，成为自己的老板；从大龄单身女青年，到很快遇见了理想的伴侣，组建了家庭，拥有 2 个可爱的男孩；从当初带 1000 块来到上海，住在阴暗的地下室，到现在拥有了财富和时间的自由；从当初那个非常自卑的乡下女孩，到如今每一年都会去好几个国家旅行和学习，通过日复一日的清理，我一点点找回了自信。

每当我看自己现在的生活，我的内心都充满了感恩，对生命的感恩，对零极限的感恩，以及对在生活中所有遇到的问题的感恩。KR 女士说，每一个问题都是一次清理的机会。当我们把问题看作是一次提醒自己去清理的机会时，我们就会慢慢成为一个百分百为自己负责任的人。当我们学会为自己生命负起 100% 责任时，我们就会拥有很强大的创造力量。这力量会带给你一切你所渴望的。最重要的是，你会借由清理找到真正的自己，活出自己真正的生命蓝图，就像这本书《荷欧波诺波诺的奇迹之旅》中所探访的这些生活在夏威夷，几十年如一日践行零极限生活方式的实践者和老师们一样，活出自己真正自由的人生！

最后祝福大家，也邀请大家一起踏上零极限的美好生活之旅！

谢谢你，我爱你！

分享者介绍：

冯晓琳：

醒觉心灵 CEO，荷欧波诺波诺中国负责人，实践荷欧波诺波诺十年，通过持续清理、找回真正的自己，遇到喜欢的事业机会，开始走上创业之路，同时也通过清理从大龄单身女青年，到遇见另一半快速闪婚，组建了幸福美好的家庭，一起孕育了 2 个可爱的男孩。

一生致力于让更多人了解和学习实践荷欧波诺波诺，也希望越来越多的人加入实践清理，为自己的人生负起 100% 责任，从而让我们和所生活的家庭、城市乃至整个地球都变得更加美好！

图书在版编目（CIP）数据

阿啰哈 /（日）平良爱绫著；龚婉如译 . -- 北京：中国青年出版社，2020.6（2025.3 重印）

ISBN 978-7-5153-6062-1

Ⅰ. ①阿… Ⅱ. ①平… ②龚… Ⅲ. ①心理学－通俗读物 Ⅳ. ① B84-49

中国版本图书馆 CIP 数据核字（2020）第 095929 号

著作权合同登记号：01-2015-0272

阿啰哈

作　　者：[日] 平良爱绫
译　　者：龚婉如
责任编辑：吕娜
书籍设计：瞿中华
出版发行：中国青年出版社
社　　址：北京市东城区东四十二条 21 号
网　　址：www.cyp.com.cn
经　　销：新华书店
印　　刷：山东新华印务有限公司
规　　格：787mm × 1092mm　1/32
印　　张：6.25
字　　数：100 千字
版　　次：2020 年 8 月北京第 1 版
印　　次：2025 年 3 月山东第 4 次印刷
定　　价：69.00 元
如有印装质量问题，请凭购书发票与质检部联系调换。联系电话：010-57350337